情商

为什么情商比智商更重要

宿春君 ◎ 著

吉林出版集团股份有限公司

图书在版编目（CIP）数据

情商：为什么情商比智商更重要 / 宿春君著 .

— 长春 : 吉林出版集团股份有限公司，2017.10

ISBN 978-7-5581-3652-8

Ⅰ . ①情… Ⅱ . ①宿… Ⅲ . ①情商—通俗读物

Ⅳ . ① B842.6-49

中国版本图书馆 CIP 数据核字（2017）第 242970 号

情商：为什么情商比智商更重要

著　　者	宿春君	
责任编辑	齐　琳　史俊南	
封面设计	颜　森	
开　　本	880mm×1230mm　1/32	
字　　数	134 千字	
印　　张	7	
版　　次	2018 年 12 月第 1 版	
印　　次	2018 年 12 月第 1 次印刷	

出　　版	吉林出版集团股份有限公司	
电　　话	总编办：010-63109269	
	发行部：010-69584388	
印　　刷	三河市龙大印装有限公司	

ISBN 978-7-5581-3652-8　　　　　　　　定价：32.00 元

如出现印装质量问题，调换联系电话：010-82865588

前　言
PREFACE

　　在公众的认知里，智商超群是卓越人才的衡量标准。因此，大家普遍把注意力放在了智商的培养上，如很多大城市出现的比正常房价高出数倍的学区房现象，各个城市如雨后春笋般出现的各式各样的补习班、才艺班，孩子的自由游戏时间被挤压得越来越少，家长们为了下一代不输在起跑线上拼死拼活……这使得我们所有人的身心越来越疲惫，然而得来的又是什么呢？

　　有位成绩非常优秀的中国高中毕业生申请美国的一所大学，因为孩子成绩非常优秀，家人一直都不担心会有什么问题。然而最后却被通知被所申请的学校拒绝了，而与他同班的另一位成绩比他差一些的同学却顺利地被同一所大学录取了。

　　家人感到震惊也很委屈，认为是学校的种族歧视在作怪，就尝试着给学校的招生负责人打去电话。学校方面的人请家长少安毋躁，然后调取了这名毕业生的所有资料，发现这名学生的成绩排在所有申请者的前面，但是没有参加什么社会活动。最后学校给家长的回复是这样的：你的孩子智商很高，可是他的情商却是零。因为情商太低，我们无法接收你孩子的申请请求。

这个高中生的遭遇说明了这位家长教育的缺陷，他们太注重智商教育，注重孩子的学习，却忽视了对他情商的培养。一个人的素质应该是综合的，智商、情商都要培养，两手都要硬，才能让一个孩子真正成才。有时甚至情商比智商显得更为重要。

美国人泰德·卡辛斯基智商非常高，他16岁进入哈佛大学学习，20岁毕业。而后在密歇根大学获数学硕士、博士学位。接着，又到世界第一流的加州大学伯克利分校数学系任教。然而，卡辛斯基虽然智力超群，却从未培养自己的社会交际能力和情商。整个中学时期，同学几乎见不到他的影子，他从不同任何人交往，更不能与人建立长久的关系。在大学里，他也如此。后来，他在蒙大拿州过着与世隔绝的隐士生活。卡辛斯基在社交方面是低能儿，在制造炸弹方面却有特殊才智，是18年连环爆炸案的主谋。他也反对工业文明，反对现代科技。他没有为社会发展发挥自己的才智，倒是用自己研制的炸弹杀死了3人，伤了23人。后被捕，被判处终身监禁，不得保释。

情商又称情绪智力，是近年来心理学家们提出的与智力和智商相对应的概念。它主要是指人在情绪、情感、意志、耐受挫折等方面的综合素质。它最核心的三种能力是：认知和管理情绪、自我激励、正确处理人际关系。

要知道，人类的情绪体验是无时无处不在的，相信我们每个人都有过莫名其妙被某种情绪侵袭的经验。这些情绪体验既包括积极的，也包括消极的。不是所有的情绪都对人的行为有利，所以，认识情绪，进而管理情绪，要成为我们必须正视的课题。而情商是一种管理情绪的艺术，如果我们要快乐幸福地生活，就要学会了解和管理自己的情绪，这也是提高我们情商的办法之一。

本书开篇阐明了为什么情商比智商更重要，之后从认识自我、管理自我、完善自我等方面来讲解如何来提升自己的情商，最后具体讲解了如何修炼识人情商、沟通情商、交际情商、职场情商、领导情商、团队情商。本书用鞭辟入里的分析，简单明了的语言，来讲解如何发掘情感潜能和如何运用情感能力来影响工作和生活，使读者在轻松的阅读中，获得完美的人生指导。情商的修炼是一门开启心智、激发潜能的艺术，掌握并认真利用好这门艺术，将会令我们受益一生。

目　录

第五章
识人情商：别让看不透人害了你

第六章
沟通情商：多渠道沟通，减少误解

第七章

交际情商：在人际交往中如鱼得水

第八章

职场情商：在职场中叱咤风云

第九章

领导情商：修炼"一览众山小"的领导力

第十章

团队情商：打造像雄鹰一样的团队

第一章

为什么情商比智商更重要

聪明还不够，情商才是成功密钥

相信大家还能够回忆起清华大学高才生刘海洋用硫酸泼熊的事件，不绝于耳的许多国内高等学府的学生因不堪各种压力结束生命的事件……太多的天之骄子的言行让我们震惊，我们不禁要问：难道是这些学生不够聪明？还是他们不能意识到问题之后的严肃性结局？

这是一个不言而喻的结论，因为我们都明白问题的根源不在于他们的智商，而是他们不懂控制自己的情绪，以致情绪失控；不知道调整自己的心理状态，于是在面对人生逆境时选择了结束自己的生命……人们在感慨谁智商高谁就能成功的同时，不禁有些迷茫，原因在于发生在我们身边的一个个高智商神话的破灭。

智商反映了一个人的观察力、记忆力、思维力、想象力、创造力等，是人们运用分析、运算、逻辑等理论解决问题的能力。它曾一度统治过成功学的领域，当时人们

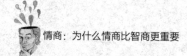

都认为，一个人能否在一生中取得成就，智力水平是第一重要的，即智商越高，取得成就的可能性就越大。但现在心理学家们普遍认为，情商水平的高低对一个人能否取得成功也有着重大的影响作用，有时其作用甚至要超过智力水平。

达尔文在他的日记中说："教师、家长都认为我是平庸无奇的儿童，智力也比一般人低下。"但他成了伟大的科学家。爱因斯坦在1955年的一封信中写道："我的弱点是智力不好，特别苦于记单词和课文。"但他成了世界级的科学大师。洪堡上学时的成绩也不好，一次演讲中他说道："我曾经相信，我的家庭教师再怎样让我努力学习，我也达不到一般人的智力水平。"可是，20多年后他却成为杰出的植物学家、地理学家和政治家。

美国哈佛大学教授、著名心理学家丹尼尔·戈尔曼用了两年时间，对全球近500家企业、政府机构和非营利性组织进行分析，发现成功者除了具备极高的智商，卓越的表现亦与情商有着密切的关系。在一个以15家全球企业，如IBM、百事可乐及富豪汽车等数百名高层主管为对象的研究中发现，平凡领导人和顶尖领导人的差异，主要是来自情绪智能。

戈尔曼说："使一个人成功的要素中，智商作用只占20％，而情商作用却占80％。"大量的事实证明，情商是一个人获得成功的关键。那么，什么是情商呢？情商是一种能力，是一种准确觉察、评价和表达情绪的能力；一种接近并产生感情，以促进思维的能力；一种调节情绪，以帮助情绪和智力发展的能力。这种能力的运用就是一门艺术。高情商者可以充分发挥潜能、有效调节情绪，可以与周围的人和环境保持良好的亲近度，因此会获得更多的机遇，从而提前实现自己的梦想。

情商不同于智商，它不是天生注定的，而是由了解自己的情绪、控制自己的情绪、激励自己、了解别人的情绪、维系融洽人际关系这5种可以学习的能力组成。心理学家认为，这些情绪特征是生活的动力，可以让智商发挥更大的效应。所以，情商是影响个人健康、情感、人生成功及人际关系的重要因素。很多高智商人物的悲剧，本来是可以避免的，或者他们将来可能会取得更加卓越的成就，但因为他们情商不高，最终还是做出了令人扼腕叹息的事情。

从某种意义上说，即使智商不高，如果情商比别人高，职业上的表现也必然胜出一筹，他的命运也会大为改观。许多证据显示，情商较高的人在人生各个领域都占尽优势，无论是人际关系，还是事业等方面，其成功的机会都比较大。

智商和情商，都是人的重要的心理品质，都是事业成功的重要基础。它们的关系如何，是智商和情商研究中提出的一个重要的理论问题。正确认识这两种心理品质之间的差异和联系，有利于更好地认识人自身，有利于克服智力第一和智力唯一的错误倾向，有利于培养更健康、更优

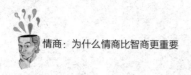

秀的人才。作为情商知识的受益者，美国前总统布什说："你能调动情绪，就能调动一切！"

可见，许多人一直在生活的底层苦苦跋涉，并不是因为他们的智商有问题，而是因为他们没有意识到情商在一个人成功路上的重要性。智商的后天可塑性是极小的，而情商的后天可塑性却很高，个人完全可以通过自身的努力成为一个情商高手，到达成功的彼岸。

请记住，聪明人不等于成功者。要想成功，聪明还不够，提高自己的情商才是关键！

智商决定录用，情商决定提升

在美国流行这样一句话："智商决定录用，情商决定提升。"有些人在潜力、学历、机会各方面都相当，后来的际遇却大相径庭，这便很难用智商来解释。曾有人追踪1940年哈佛的95位学生到中年时的成就（相对于今天，当时能够上哈佛的人比上不了哈佛的人，差异要大得多），发现以薪水、生产力、行业位阶来说，在校考试成绩最高的不见得成就最高，对生活、人际关系、家庭、爱情的满意程度也不是最高的。

另有人针对背景较差的450位男孩子做同样的追踪，他们多来自移民家庭，其中三分之二的家庭仰赖社会救济，住的是有名的贫民窟，有三分之一的智商低于90。研究同样发现智商与其成就不成比例，譬如说智商低于80的人里，7%失业10年以上，智商超过100的人同样有7%。就一个四十几岁的中年人来说，智商与其当时的社会经济地位有一定的关系，但影响更大的是其儿童时期处理挫折、控制情绪、与人相处的能力。

波士顿大学教育系教授凯伦·阿诺曾参与上述研究，她指出："我想这些学生可归类为尽职的一群，他们知道如何在正规体制中有良好的表现，但也和其他人一样必须经历一番努力。所以当你碰到一个毕业致辞代表，唯一能预测的是他的考试成绩很不错，但无从知道他适应生命顺逆的能力如何。"

就像很多人都知道的那样：学历并不能代表能力，它只是我们曾经学习过的证明。学校里的优秀人才，踏入社会就不可同日而语了。很多高校毕业生怀着美好的理想走入社会时，都会碰上一个又一个的难题。首先就是学历问题，没有研究生学历或学历太低，会成为通向成功的路途上的羁绊。

多年以来，人们一直以为高智商可以决定高成就，其实，人一生的成就至多只有20%归功于智商，另外80%则受情商因素的影响。所谓20%与80%并不是一个绝对的比例，它只是表明，情商在人生成就中起着不可忽视的作用。尽管智商的作用不可或缺，但过去把它的作用估量得太高了。

成绩和成就不一定成正比，你不能以学业的成败评估

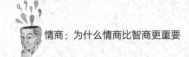

自己未来的成就。哈佛教授亨利·B.雷林曾讲过："为了发现与学生未来成功相关的因素，哈佛商学院做了大量的调查研究。调查结果显示：一个学生在学校里的成绩与他将来的成就之间并无关系。短期内还有点关系，而长期内根本没有什么关系。"作为一名学生，必须能够正确认识短期学业上的成败。生活之路是很漫长的，无论是哈佛大学最顶尖和最失败的学生都必须要走完剩下2/3的人生旅程。在学业上跑在前面的人，在长跑中往往会黯然失色，起初落后的人却往往会后来居上。真正验证了美国的那句流行语：智商决定录用，情商决定提升。

人类在关于怎样才能成功的问题上，从来不曾停止探索的脚步。熟悉电影的人们一定都会记得《阿甘正传》，这是一部好莱坞大片，男主角汤姆·汉克斯更是凭借它而一举夺得"奥斯卡小金人"。

那么，汤姆·汉克斯在片中饰演的角色是怎样的呢？为何这部影片至今还常常为人们所津津乐道？

影片中的男主角名叫阿甘，他从小就是一个有点行动不便的男孩，准确地说是一个有点残疾的男孩。然而不幸的事情不在于他的残疾，而在于他的母亲到处为他找学校，却没有一所学校愿意接收他，原因是他的智商只有75。但是后来阿甘的表现让每位观众都为之感动。他凭借执着、善

良、守诺、勇敢的个性，一度成为美国人民心中
的英雄。

　　故事也许是虚构的，却向我们揭示了这样一个道理：
智商的高低与人生的成就不能直接画等号！阿甘的重情重
义、执着乐观是他成功的重要能量，这便是来自情商的魅
力。关于成功，有一个秘密：成功的人往往不是因为知识
多么丰富，而是他们的情感很成熟。

　　事实上，高智商者不一定能取得成功，高情商者成功
的概率却很大。情商在人生成就中起着不可忽视的作用。
情商的高低，可以决定一个人的其他能力，包括智力能否
发挥到极致。情商比智商更重要，如果说智商更多地被
用来预测一个人的学业成绩的话，那么情商可以被用于
预测一个人能否取得事业上的成功。优异的学业成绩，
并不意味着我们在生活和事业中能获得成功。而且从我
们的个人体验来说，我们也喜欢那些乐于帮助别人并且平
易近人的人，而不是古怪的科学家。总之，智商对于我们固
然重要，但是如果少了情商，我们将会失去人生中最重要
的部分。

情商，我们的“命运使者”

　　1990年，美国心理学家彼得·塞拉维和约翰·梅耶提

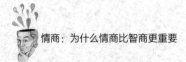

出的情商概念在世界范围内掀起了一场人类智能的革命，并引起了人们旷日持久的讨论。为什么它能够引起人们这么大的兴趣呢？因为情商是我们的"命运使者"。

学术、事业和物质生活的成功一定是幸福所必需的吗？一个人多成功和一个人到底有多幸福，两者之间的矛盾我们怎么来解释？答案就是情商——一种了解和控制自身和他人情感的方式。有了它我们就可以把握说话做事的分寸，去促成想看到的结果。

超市等着结账的队伍排得越来越长。玛格丽特大概排在队伍的第十位，因此看不太清楚前面发生了什么事。只听到有人叫来主管，在开收款机检查，看来还得等很长时间了。

玛格丽特等得有些不耐烦了，但是理智告诉她不能发火，因为她认为出现事故也不是收银员的错。时间过去了10分钟，收款机还没有修好，这时队伍远处有喊叫声。队伍前面有个男子在骂收银员和主管："你们是什么专业素质啊！这么大的超市怎么会犯这种低级的错误呢？你不会修好收款机啊？没看见队伍有多长吗？我还有事，太可恶了。"

收银员和主管只好道歉，说他们已经在尽力修了，建议男子换个收款台。"为什么我要换啊？是你们的错，又不是我的错，浪费我的时间，我要给你们领导写信。"男子丢下满是物品的购物车，愤愤地离开了超市。

男子离开后一两分钟，又发生了三件事。为了不耽误这支队伍的顾客交款，超市在旁边专门开了一个收款台；刚才坏了的收款机也修好了；为了表示道歉，主管给玛格丽特及这个队伍中的其他顾客每人 5 英镑的优惠券。

玛格丽特很高兴，不仅买了东西还得了优惠券。那个愤怒的男子却没购成物，没得到优惠券，还跟人生了气发了火。

在这个故事中，谁运用了情商？显然是玛格丽特，她虽然也生气了，但她没有发火，只是耐心地等待，她站在别人的角度分析了情况，而她前面那个愤怒的男子完全没有控制自己的情感，也没有任何的社交技能。

情绪是一个人对所接触到的世界和人的态度以及相应的行为反应，就是快乐、生气、悲伤等心情，它不只会影响我们的想法和决定，更会激起一连串的生理反应。丹尼尔·戈尔曼说："成功是一个自我实现的过程，如果你控制了情绪，便控制了人生；认识了自我，就成功了一半。"

大家有没有注意到：有些人物质生活虽然不富有，但是看起来却幸福满足，生活充满了欢笑和友谊；而那些相对富有的人却在经常抱怨生活的不公，总在花大把的时间

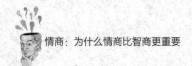

跟每个人倾诉，为什么他们的处境这样不好？这是为什么呢？这就是情商在作怪。

丹尼尔·戈尔曼宣称："婚姻、家庭关系，尤其是职业生涯，凡此种种人生大事的成功与否，均取决于情商的高低。"一份有关调查报告披露，在贝尔实验室，顶尖人物并不是那些智商超群的名牌大学毕业生。相反，一些智商平平但情商甚高的研究员却凭借其丰硕的科研业绩成为明星。其中的奥妙在于，情商高的人更能适应激烈的社会竞争环境。

与社会交往能力差、性格孤僻的高智商者相比，那些能够敏锐了解他人情绪、善于控制自己情绪的人，更可能找到自己想要的工作，也更可能取得成功。情商为人们开辟了一条事业成功的新途径，它使人们摆脱了过去只讲智商所造成的无可奈何的宿命论观点。

可以说，情商高的人生活更有效率，更易获得满足，更能运用自己的智能获取丰硕的成果。反之，不能驾驭自己情感的人，其内心激烈的冲突削弱了他们本应集中于工作的实际能力和思考能力。也就是说，情商的高低可以决定一个人其他能力（包括智力）能否发挥到极致，从而决定他有多大的成就。事实已经证明，情商对人的成功有着至关重要的作用。在卓有成就的人当中，有相当一部分人在学校里并不被认为智商很高，但他们充分发挥了自己的情商，最终获得了成功。

心理学家霍华·嘉纳说："一个人最后在社会上占据

什么位置，绝大部分取决于非智力因素。"许多材料显示，情商较高的人在人生各个领域都占尽优势，无论是谈恋爱、人际关系，还是在主宰个人命运等方面，其成功的概率都比较大。

那些成功人士都深知一个道理，那就是情商在引领他们走向卓越，超越平庸。智商对于绝大多数的人来说是差不多的，而后天的情商教育与情商培养可以改变我们的生命轨迹。当我们信任情商的力量时，情商就会带给我们意想不到的奇迹。

情商，能够激活无限潜能

面对困难，很多时候我们往往不知所措，事实上，我们并不是输给了困难，而是输给了我们自己。因为我们常常低估了自己的能力，我们其实比自己想象中的更优秀，只是我们还没有发现而已。

在每个人的身体里面，都潜伏着巨大的力量。这种潜力要是能够被唤醒，就能做出种种神奇的事情来，让我们的理想变成现实。然而大部分人好像都不明白这一点。病人在病势垂危、呼吸困难时，在听了医师或亲友的一席诚挚恳切的安慰话后，竟能有所好转甚至起死回生，这在医生看来也是常有的事。一般来说，疾病之所以置人于死地，是因为病人首先失去了对生命的自信。

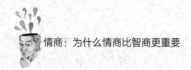

德国诗人歌德说过："人的潜能就像一种力量强大的动力，有时候，它爆发出来的能量会让所有人大吃一惊。"所以，不管我们是谁，我们都是自己一生当中最重要的人。我们的生命潜能如同取之不尽、用之不竭的宝藏。

其实有多少次我们已经触摸到了那种巨大的力量，却没有认出它；有多少次这种巨大的力量就握在我们手中而我们却把它扔掉了；有多少次它就出现在我们眼前，然而我们没有看到它，没有认识到它可能带给我们的种种益处；有多少次我们看到了它却不知道用什么工具去开发它，所以，我们需要去开发自己的潜能。

运用智慧来开发无限的潜能，就仿佛用一把万能金钥匙打开未来之门，它将带给我们不可胜数的挑战和惊喜。思想、精神等潜意识就是人类取之不尽、用之不竭的巨大宝藏，是伟大的造物者赋予我们的珍贵无比的财富。

不管环境有怎样的限定，问题总有办法解决，对于强者来说，任何事情都不会太难。每个人心中都有一个美好的梦想，有的人希望能够享受高品质的人生，有的人希望能够以自己的能力带给他人幸福。现实生活的挫折和琐碎令每个人的追梦之路异常艰辛，却仍有人能够抵达成功的终点，因为他们发现了自己心中的巨人。

美国学者詹姆斯根据其研究成果说："普通人只发展了他蕴藏能力的1/10。与应当取得的成就相比较，我们不过是在沉睡。我们只利用了自己身心资源的很小的一部分，甚至可以说一直在荒废。"没有人知道自己到底具有多大的潜能，因而没有人知道自己会有多么伟大，所以我们应该找寻内心真实的自我，激发自己无穷的潜能。

> 你改变不了环境，但你可以改变自己；你改变不了事实，但你可以改变态度；你改变不了过去，但你可以改变现在；你不能控制他人，但你可以掌握自己；你不能预知明天，但你可以把握今天；你不能样样顺利，但你可以事事尽心；你不能延伸生命的长度，但你可以决定生命的宽度；你不能左右天气，但你可以改变心情；你不能选择容貌，但你可以展现笑容。

这是一位身患癌症的女士用生命写下的话。这段话是告诉我们，我们要不断给自己鼓励，这是一种动力，更是一种能量，它能激活我们的内在潜能。促使潜能开发应用的方法有许许多多，但从情商这一层面而言，主要有以下几个方面。

1. 引导

寻求更大领域、更高层次的发展，是人生命意识里的根本需求。"这山望着那山高""喜新厌旧"是人的根本特性。因此，具有主体自觉意识的自我，有理性的自我，是绝不愿意停留在任何一种狭小的、有限的状态之中的，而总是想不断开拓以取得更大的发展（成功），从而更好地生存。这种炽热的、旺盛的发展需要，是渴望成功的表

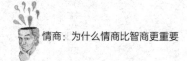

现，是潜能蓄势待发的前兆。只要对这种发展意识给予有益的暗示、引发、规划和培育，就能把潜能很好地激发起来，释放出来。

2. 逼迫

人是一个复杂的矛盾体，既有求发展的需要，又有安于现状、得过且过的惰性。能够卧薪尝胆、自我警醒的人少之又少。更多的人需要的是鞭策和当头棒喝式的促动，而"逼迫"就是"最自然"的好办法。

3. 练习

许多专家为了开发人的潜能专门设计了很多练习、题目、测验、训练，如脑筋急转弯、一分钟推理等，多练习这些对激发我们的潜能很有好处。

4. 学习

学习是增加潜能基本储量和促使潜能发挥的最佳方法。知识丰富必然联想丰富，而智力水平正是取决于神经元之间的信息连接范围和信息量。

人生中许多事情其实我们都能做到，只要我们坚持前进，只要我们懂得激活内在潜能，就没有什么可以阻止理想的实现，困难不可以，病痛同样不可以。

请记住这句话：你比自己想象的要优秀！因为每个人的潜能是无穷的，你所见到的只是冰山一角，还有更多的潜能在等待着你去挖掘。请你多给自己一些肯定，把自己想象得更优秀一点，这样，你就会变得更加优秀。

影响人生成败的五种情商

随着人类对自身能力认识的深入，越来越多的人认识到在激烈的现代竞争中，成功不仅取决于个人的谋略才智，在很大程度上还取决于他正确处理个人的情感与别人情感之间关系的能力，也就是自我管理和调节人际关系的能力，情商的高低已经成了人生成败的关键。那么，哪些方面的能力会影响我们的情商高低呢？

1. 观察力：自我察觉与观察他人

自我察觉是情商的基本能力之一，是指了解自己感受到了什么，为什么有这种感受，以及引发这种感受的原因。它是构建其他多数情商能力的基础，是做人的核心能力。

关于"自我察觉"，它不仅包含着对自身的察觉，同时也在极大程度上涵盖着对他人的察觉。我们可以通过观察他人的言行，更好地理解对方，从而更好地做到"共情"。在现今的社会中，一个人只有懂得理解与合作，才能更好地成就他自身的工作与生活，而这种对他人的洞察力，可以促使他取得事半功倍的效果。同时，只有心中有他人，把"小我"融入"大我"中，才能成为一个具有社会兴趣的人，才能让自己的生活真正具有意义。

2. 理解力：现实判断与人际关系

现实判断决定着我们对周围世界发生的事情的辨别程

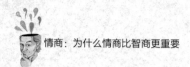

度，比如说人际关系，当一个人对人际关系有了一定辨别，那么他就会根据自己的判断与人交往。我们无法把握现在的人际关系，只能通过自己的认知获得，如这个人的背景、人生观、价值观等，我们的认识源于他们背后的一切，它们给我们描绘了一个地图，去了解他人的地图，但是无论这张地图多么准确，也永远成不了整个版图。提高现实判断力，才能让这个版图更加丰富、准确。

培养出色的现实判断力，对于人们的人际关系有着很大的益处。它能够让人们避免因为粗心大意而给自己和他人带来意想不到的麻烦，从而使人际关系变得融洽。

3. 行动力：自我实现与解决问题

自我实现是追求实现潜在能力、才能和天资的过程。它要求个体具有确定和实现目标的能力和动力。它的特征是参与并感受全身心致力于各种兴趣与追求的过程，从而解决问题。只有当人的潜力充分发挥并表现出来时，人们才会感到最大的满足。

自我实现能够促进人们快速成长，随着人们潜能的不断提高，自我实现能力无可限量，它可以帮助人们解决很多问题，甚至能超越自己的能力，从而发现不一样的自己。

当遇到不顺心的事时，要告诉自己一切都会过去的，这没有什么大不了的。相信自己通过努力可以改变目前的状态，这是一种神奇的力量，来自自我实现的力量，也是情商的重要内容之一。

4. 控制力：控制情绪与保持平静

控制情绪是成就大事的本领。没有控制，我们的强项就会顿时消失。人是一种具有思维和感情的动物，所以每个人都有情绪的波动，这也是人和其他动物的不同之处。卡耐基一再告诫我们，自制是一种十分难得的能力，它不是枷锁，而是你带在身上的警钟。那些以为自制就会失去自由的人，对"自由"与"自制"的意义显然还没有深刻的领会。因为自我控制不是要以失去自由的意志为代价，而恰恰是为了自由能最大限度得以实现。

一个高情商的人往往会懂得控制情绪并随时保持平静，这才不会避免不理智的行为。控制情绪会提高生产效率和自我尊重感。通过理智和周密的理性思维克制具有强迫性的冲动力，可以产生和释放力量。若能提高这种能力，人们在应对生活中的问题时，才会做出更好的表现。

5. 忍耐力：忍受压力与坚持梦想

有学者说："人们在忍受压力的同时，会有一个动力支撑着，那就是坚持梦想。"生活中有许许多多的事是我们始料不及的，如果我们能忍受压力，即使跌倒了也还能爬起来。现实往往会与理想产生矛盾，有了矛盾就会产生压力，也许我们的心中有一盏指路明灯，但它似乎可望而不可即，折磨着我们那进取的心；或许我们想做些好事，却把事情弄得一团糟；或许我们憎恨背信弃义，但又耽于世上的一切琐事；或许我们很想超越自我，现实却被一一否定……压力渐渐向我们袭来，如果我们想要活得充实、

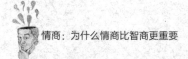

自在、快乐，就必须学会忍受压力的折磨。

我们想要拥有较高的情商，让自己的生活更加美好，需要在以上五个方面多加修炼，锻造自己的情商指数。每个人的生命都是由自己掌控的，享受它，承受它，这是唯一真正属于我们的权利。坚持自己的梦想，这样我们就会把压力变为动力，驱使着自己前进。

高情商让我们更容易成功

一个高情商的人不仅在工作上易于成功，在生活中如沐春风，爱情上春风得意，做领导还能带领团队向更大的辉煌迈进；高情商的人即使是个职场新人，也能获得良好的人际关系，为自己的晋升创造良好的条件。

> 有一位老总平时看不出与别的老板有什么区别，有一件事却让所有人都感叹他是个情商高手。你瞧瞧他是怎样发红包的吧。
>
> 他把员工一个个叫到董事长办公室发奖金，常常在员工答礼完毕，正要退出的时候，他叫道："请稍等一下，这是给你母亲的礼物。"说着，他又给员工一个红包。待员工表示感谢，又准备退出去的时候，他又叫道："这是给你太太的礼物。"连拿两份礼物，或者说拿到了两个意

料之外的红包，员工心里肯定是很高兴的，鞠躬致谢，最后准备退出办公室的时候，又听到董事长大喊："我忘了，还有一份给你孩子的礼物。"第三个意料之外的红包又递了过来。真不嫌麻烦，四个红包合成一个不就得了吗？可是，合在一起，员工会有意外之喜吗？

这位老总真不愧是位出色的领导，其实他并没有多花一分钱，就买到了员工的心。这是一个高情商领导，这样的做法不但让员工开心，而且让自己有领导魅力，无论什么样的员工也会死心塌地地跟着他。

说到情商之高，不得不提到一位人物，他就是战胜许多不利条件而最终取得辉煌的美国前总统富兰克林·罗斯福。

罗斯福是一个真正的公关高手，懂得如何引导公众舆论的走向。他当上总统后立刻加入了新闻俱乐部，以此拉近与新闻记者的距离。他对每一个采访他的记者都一视同仁、以诚相待，和新闻界建立起一种合作互助的关系。他在公众心目中始终保持着高大、坚强、富于人情味的形象。

为了从情感上赢得公众的支持，罗斯福入主白宫后发表了一次广播讲话，他一改过去播音时

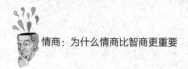

正襟危坐的做法，采取了围坐在壁炉边拉家常的形式，在轻松的气氛中分析局势，畅谈政见。这种讲话方式让公众感到十分亲切，被人称为"炉边谈话"。第二次世界大战爆发时，美国国内反战呼声很高，罗斯福以炉边谈话的方式安抚对战争心有余悸的国民，向他们保证美国不会介入冲突。

但是，当法西斯暴行愈演愈烈时，罗斯福在炉边谈话中号召国民抛开同法西斯势力和平共存的幻想，随时做好战争准备。他的呼吁从情和理两方面都得到了多数国民的支持，得以两次修改中立法以适应形势的需要。当战火终于从珍珠港烧向美国时，罗斯福再次发表炉边谈话，到了这时候，"美国参战"不仅是总统的命令，也是公众的强烈呼声。

在罗斯福走向成功的过程中，情感因素起到了非常典型的作用，情商中的各项能力在他身上得到了近乎完美的体现。

其实，人际关系是令绝大多数人最为头痛的麻烦事儿，奇怪的是我们越觉得它讨厌，我们就越不容易搞好它。于是，我们会羡慕像罗斯福那样总受人们喜欢的人，不知他们的成功秘诀在哪儿。其实，差别就在于我们是否能管理他人的情绪并影响他人。

高情商者不仅会受到他人的喜爱，更易得到别人的帮助，因为他们很受众人的欢迎。卡耐基告诉我们：成功＝15%的专业知识＋85%的为人处世的技能。

一位哲人也说过："无论做什么事情，态度决定高度。"一个人的思维方式或者说心态，也直接影响到人们对情绪的处理。凡事能够用发展的眼光去看待，用积极的心态去面对，即便是件不好的事情也能从中受益。

工作中的高情商不是指单纯的认真。一个辛苦到把工作当作生活全部的人，不一定就是会成功的人。情商的高低直接关系到一个人事业能否成功、成就的大小，在懂得了情商的内容之后，我们或许可以学习一下，让自己的情商也得到提升。如提高对自我的心理、感情成熟与否的认识能力；在日常生活中，用转移注意力等方式理性地控制情绪；运用内在动力和外在压力激励自我发展的能力；通过拉近空间距离和加大交往频率等方式提升人际交往能力；常常换位思考去认知他人的能力。这些能力的提高将大大提升我们情商的水平。

概括地说，情商是指人识别和监控自己及他人的情感，运用共情技术恰当地维护心理适应和心理平衡，形成以自我激励为核心的内在动力机制，形成以理性调节为导向的坚强意志，妥善处理自身情绪情感、与人交往和个人发展等方面问题的心理素质和能力。

智商与遗传关系很大，但情商主要是经过后天培养的。3～12岁是情商培养的关键期。情商教育能影响人的一

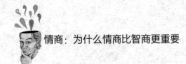

生。心理学家们在跟踪调查后发现，凡是关键期受过正规情商培养的人，在学习成绩、人际关系及未来的工作表现和婚姻情况等，均优于未受过专门培养的人。所以，想要成功，就需要从提升自己的情商开始。

提升情商，从认识自己开始

敢于认识你自己

"请尽快回答10次，我是谁？"一个看似简单却又难以回答的问题，让很多人陷入沉思："我是谁？我是一个什么样的人？我应该做一个怎样的人？""认识你自己"这句古希腊时就刻在神庙上的名言，至今仍有警示意义。

拿破仑·希尔认为：随着科学技术的日益发展，我们不断地了解未知世界，但我们对自身的探索却始终滞足不前。正确地认识自己，才能认识整个世界，也才能接受世间的一切。我们经常企图通过别人的评价来认识自己，可是，无论别人的推心置腹显得多么明智、多么美好，从事物本身的性质来讲，人们自己应当是自己最好的知己。

这个世界多姿多彩，每个人都有属于自己的位置，有自己的生活方式，有自己的幸福，何必去羡慕别人？安心享受自己的生活，享受自己的幸福，才是快乐之道。你不可能什么都得到，你也不可能什么都适合去做，所以，只

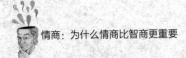

有适合的才是最好的，如何才能做到适合呢？那就需要我们认清自己的真面目。

认清自己的真面目，首先要了解自己的长处和短处，并根据自己的特长来设计自己，量力而行，根据自己周围的环境、条件，自己的才能、素质、兴趣等，确定进攻方向，你就会在某一方面有所成就。所以，每一个人都应该正确认识自己的真面目，并坚信"天生我材必有用"。

许多人谈论某位企业家、某位世界冠军、某位著名电影演员时，总是赞不绝口，可是一联系到自己，便一声长叹："我不是成才的料！"他们认为自己没有出息，不会有出人头地的机会，理由是：生来比别人笨，没有高级文凭，没有好的运气，缺乏可依赖的社会关系，没有资金等。其实，人生最大的难题莫过于：认识你自己！那么，怎样才能真正认识到自己的真面目呢？

1.在比较中认识自我

想要了解自己，与别人相比较，是一种最简便、有效的途径。每当我们需要反躬自问"我在某方面的情况怎样"时，就很自然地使用这种方法，去判定自己的位置与形象。我们除了要不时和四周的人相比较，还会经常与某些理想的标准相比较，把他们作为比较的对象，以自己能否达到跟他们同样的标准作为成功或失败的衡量尺度。

2.从人际态度中反馈自我

一个人总是需要跟别人交往、共处的。因而别人对你的态度，相当于一面镜子，可以观测到自身的一些情况。

我们因为看不见自己的面貌，就得照镜子；同样，我们无法准确地衡量自己的人格品质和行为时，就得利用别人对我们的态度和反应进行自我判断。一般说来，当对方与自己的关系愈密切时，他的态度也愈有影响力。

3. 用实际成果检验自我

除了根据别人对自己的态度，以及与别人相比较的结果，我们还可以凭借本身实际工作的成果来评定自己。由于这种方法有比较客观的事实作为依据，所以通常因此而建立的自我印象也是比较正确的。这里所指的工作是广义的，并不仅限于课业或生产性的行为。由于每个人所具有才能的性质互不相同，如果只是看他们在少数项目上的成就，往往不能全面地衡量一个人的能力与作用，很多时候，一部分人的某些才能或许因得不到施展的机会而将被淹没。

一千个人有一千种生活方式，有一千种生活的愿望，不同的方式和愿望，会产生不同的生活态度。你可以参照别人的态度确定自己的态度，也可以借鉴吸取别人成功的经验和失败的教训，但你永远不能教条地照着别人那样做。你必须看清自己，准确定位自己，明确自己的价值目标，弄清楚自己想追求什么，有哪些捷径可以走，可以采取哪些方法比较科学合理。

生活中我们要学会反躬自省，要学会每过一段时间就用它来擦拭我们的心灵，留下有益的一部分，摒弃不利的一面，并积极寻找有利于我们成长和进步的精华，这也是成功人生的必然要求。想做个什么样的人？想办成什么样

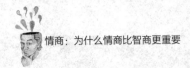

的事？想学到什么样的知识？想达到什么样的高度？想让自己的人生如何度过？如果我们不想让生命虚度，就应该每天用自己的理想和目标衡量一下自己的言行。

其实，正确认识自我最重要的一点，就是要认清自己的能力，知道自己适合做什么、不适合做什么，长处是什么、短处是什么，从而做到有自知之明，最后在社会中找到自己恰当的位置。

世上的事情虽然复杂多变，但还是坚持自己为好。自欺欺人改变不了人们眼中的事实。所以，人都需要以铜为镜，看清自己，认识自己，随时正衣、去污，保持真实的自己，从而做一个高情商的人，生活才能潇洒自如。

接纳真实的自己

造物主是吝啬的，他绝不肯把所有的好处都给一个人，就像一个苹果有红艳的一面，也有青色的一面。造物主总是"给你一分天才，就搭配几倍于天才的苦难"，所以在遇到波折或不幸时，我们真该退一步去看看天空。

金无足赤，人无完人。平凡的你我都有缺点，在茫茫的人生路上也都会遇到这样那样的波折，道理很简单，因为"上帝很馋，见谁咬谁"，所以就有了种种的遗憾。常常在报纸、电视上看到轻生者做傻事的新闻，真是愚蠢啊，难道他们不知道自己是一只大大的苹果，因为上帝喜爱其芬芳，所以才被狠狠地咬了一大口吗？是的，我们都应该好好地珍爱自己。

每个人都想拥有一个完美的人生，其实这只是愿望和奢望。自古及今，往往是有遗憾才为人生，十全十美的一生是没有的。月有阴晴圆缺，天有风云雷电，花无百日红，人无一世平。况且，长青之树往往无花，艳丽之花往往无果。美人西施叹耳小，贵人昭君怨脚大，世上哪有圆月一般的美满人生！人生往往苦难相伴，生活常常烦恼相随，正因为这样，残缺之中才有大美，苦难之中含有甘甜。

能体味痛苦的真谛，真是一种高远的境界。如生了病，让人想开了许多；倒了霉，能让人交了学费换来明白，也是一种收获。有了这样的心态，对己对人都有好处。对己，可以不烦不躁；对人，可以互相谅解。这会大大有利于人与人之间交往的平和平实，促进家庭和社会的和睦和美。

维纳斯雕像因其断臂而平添了一种神秘的美；比萨斜塔由于地基有缺陷而倾斜，却因此闻名于世；邮票或钞票因其印错而成为收集者的抢手货；铅、锡熔点低，不能做导线，但因此能做保险丝。

正视自己的缺点，才能真正地认识自己。哈佛教授斯蒂芬·杰·古尔德说，人不可能没有弱点，一个伟大的人善于放大优点，缩小弱点，失败的人往往因为自身的弱点而败了一生。斯蒂文森说："我们什么时候都能够看清自己不如人的地方，那就是对生命真正有信心的时候。"

我们每个人都应该知道一件事：这个世界上没有十全

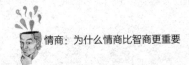

十美的人！我们自己和我们的同事、朋友，以及长辈、上司都是普普通通的凡人，身上有缺点、犯错误或是对问题束手无策，都是在所难免的。这一认识有助于指导我们正确地看待自己的缺点与劣势，并接纳不完美的自己。唯有真心诚意地接纳自己的人，才能正确对待自己的缺点，克服外界的阻力取得成功。

泰戈尔说：不要让我祈求免遭危难，而是让我能大胆地面对它们。生活中，我们会遇到许多不公平的经历，而且许多都是我们所无法逃避的，也是无所选择的。我们只能接受已经存在的事实并进行自我调整，抗拒不但可能毁了自己的生活，而且也会使自己精神崩溃。因此，人在无法改变不公和厄运时，要学会接受它、适应它。

有的人，认为自己有了缺陷，所以常常自暴自弃，最终一事无成。有些人却没有把生理缺陷视为自己人生道路上的障碍物，而是从缺陷中获得无可比拟的力量，充分发挥自己的优势，甚至巧妙利用其生理缺陷。

有这样一句话，当上帝给你关上一扇门的同时，他也给你开了一扇窗户，那么我们为何不去利用这扇窗户来造就自己呢？

世界上的很多东西都不是完整的，而这些不完整也就促成了人间的烦恼甚至是悲剧。我们必须接受无法改变的现实。要想在自己有限的生命中做一点事情，首先就应该认识到人生有限、时光飞逝的现实，这才是成熟的标志。

有些人追求完美，对不完美的事不肯面对，完美在很多时候都是做人做事的最高理想、最高境界，但等我们真的向那个目标进发的时候，就会发现其实现实并不是自己所想象的那样美好。"完美本身其实就是一种不完美"，因为过多地苛求自己不但会影响到自己的发展，使得自己过于劳累，心灵过于疲惫，同时在追求的过程中也会让周围的人身体跟着同样地劳累，心灵同样地疲惫。完美主义是一种枷锁，扣在完美的身上作威作福。

每个人都有自己的角色和人生，只有当他演好自己的角色时，他才会拥有一个快乐的人生。如果我们想让自己拥有快乐、幸福的人生，就要找到自己的角色，而不要去模仿别人，接纳真实的自己，才能活出精彩。

重建与自我的关系

有时候，限制我们走向成功的，不是别人拴在我们身上的锁链，而是我们自己为自己设置的局限。高度并非无法打破，只是我们无法超越自己思想的限制；没有人束缚我们，只是我们自己束缚了自己，跳出自我的小世界，我们会发现，世界如此之大，自己又是如此渺小。所以我们需要重建与自我的关系。

每个人，无论是聪明或愚蠢，贤良或奸诈，他的表现都是与其当时的"自我观"相符的行为。没有人会去做一件在当时他认为与自己的身份、年龄、性别、能力及他本身任何

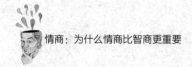

一方面不相宜的事情，除非把自己锁在自我的小世界里。

总而言之，每个人都会依照他的自我观点，来决定哪些事他可以做，哪些不可以做，或是该怎样去做好一件事情。因此别人也就能够根据他通常所表现的行为，对他有所了解和认识。如果某一个人对于自己各方面的印象，都和实际情况颇为接近，也就是说，他有着比较正确的"自我观"，那么他所表现的行为自然会很恰当。相反如果一个人没有正确的"自我观"，就不能很清楚地表现自己独特的一面，而只是成为人群中的一分子，这个人的个人形象明显存在缺憾。缺乏"自我观"的人很难有引人注意的特质，当然更谈不上成功了。

富兰克林早年那种过分自负的态度常使别人看不顺眼。有一天，有一个朋友会的会友把他叫到一旁劝告了他一番，这一番劝告改变了他的一生。

"富兰克林，像你这样是不行的，"那个会友说，"当别人与你的意见不同时，你总是表现出一副强硬而自以为是的样子。你这种态度令人觉得很难堪，以致别人懒得再听你的意见了。你的朋友们不同你在一处时，还觉得自在些。你好像无所不知无所不晓，别人对你无话可讲了。的确，人人都懒得和你谈话，因为他们费了许多气力，反而觉得不愉快。你以这种态度来和别人交往，不虚心听取别人的见解，这样对你自己根本没有任何好处。你从别人那儿根本学不到一点东西，但是实际上你现在所知道的确实很有限。"

富兰克林听了之后讪讪地站起来，一边拍着身上的灰尘，一边说："我很惭愧。不过，我实在也是很想进步的。""那么，你现在要明白的第一件事就是，你已经太蠢了，而且是愚蠢得没有自尊了。"他又受到了打击，不过他站起来的时候，他已经下决心把一切骄傲都抛在地下……他所需要的第二步，便是与自己私自进行一次谈话。这一点他马上实行起来了。他现在要研究一个新的题目，那便是他自己。他曾经在印刷工厂学过制版，现在他要从一些似乎毫无希望的材料中，制造出一个新人来。

富兰克林起初只是一个自负的蠢人，后来却成了一个了不起的人物——许多人都喜欢他。他不仅为当代人做了许多具有建设性的工作，还对后代产生了很大的影响。如果那个朋友不给他来这一番严厉的说教，促使他重建与自我的关心，让自己变得谦卑起来，那么他后来的结果怎样，我们不得而知。既然如此，我们应该如何重建与自我的关系呢？

我们要以真诚的方式表达自己，得到自尊与自重的感受，同时也能尊重别人，才是自我肯定的真谛。把眼光对

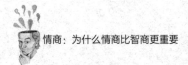

准自己，人生就是另外一番景象。人类的思考容易向否定的方向发展，所以肯定思考的价值愈发重要。如果经常抱着否定想法，必然无法期望理想人生的降临。有些嘴里硬说没有这种想法的人，事实上已经受到潜在意识的不良影响了。所以，我们要对自己有信心，学会自我肯定。当然自我肯定也要把握一定的要领，我们至少要做到如下几点。

第一，温和，但不羞怯，因为对自己有信心，就要重视自己的价值。

第二，坚持，但不顽固，重要的原则，即使在家人或外人的压力之下也不退却。

第三，关怀，重视别人的权益。

第四，表达清楚，声调、姿势、态度都能配合例子，让别人或自己清楚感受到他所要表达的内容。

第五，勇敢，有自信，不会畏惧压力或嘲笑。

第六，满意，能在环境中保持他的权益，且不去侵犯别人的权益，双方都满足。

第七，有自我价值感，通过与人平等的交往，自己能从别人的尊重中更重视自己为"人"的价值。

一个人最糟的事就是不能成为自己，不能在身体上与心灵中保持自我。如果我们能确定自己是正确的，就要勇往直前走下去，而不要犹豫不决，也不要太在意别人的看法。为他人所左右而失去自己方向的人，将无法抵达属于自己的幸福之地。真正成功的人生，不在于成就的大小，而在于是否努力地去实现自我，喊出属于自己的声音，走出属于自己的道路。

解救被情绪绑架的自己

有人曾说，征服自己的感情和愤怒，就能征服一切。这正说明了人应该完全掌握自己的情绪，而不是成为情绪的奴隶。然而，有很多人都曾陷于愤怒、忧郁、恐惧等消极情绪的陷阱里不能自拔。

经济学教授詹纳斯·科尔耐曾说："我把人在控制情感上的软弱无力称为奴役。因为一个人为情感所支配，行为便没有自主之权，而受命运的宰割。"所以，做自己感情的奴隶比做暴君的奴仆更为不幸，我们要把被情绪绑架的自己解救出来。

人的情绪无非两种：一是愉快情绪，二是不愉快情绪。无论是愉快情绪还是不愉快情绪，都要把握好它的"度"。否则，"愉快"过度了，就要乐极生悲。是什么原因使我们产生了情绪？情绪又是来自何方呢？

情绪无所谓对错，常常是短暂的，会推动行为，易夸大其词，可以累积，也可以经疏导而加速消散。情绪的好和坏事实上与我们自己的心态和想法有关，与刺激关系并不大，一件事，在别人眼中看着是悲哀的，在你眼中也许就是喜乐的，看自己怎么想了。

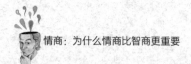

科学研究表明，我们大脑中枢的一些特殊的原始部位明显地决定着我们的情绪。但是，人类语言的使用和更高级的大脑中枢又影响和支配着比较原始的大脑中枢。影响我们的情绪和行为的主要来源是我们自己的思维。

另外，有些专家也指出：遗传结构只是在很小程度上决定着你是倾向于安静还是倾向于激动。而孩提时的经验和当时周围人的情绪则影响着你的情绪的萌芽。各种生理因素（如疾病、睡眠缺乏、营养不良等）可能使你变得容易激动。

但是，对大部分人来说，这些因素并不能完全决定我们满意的程度，也不能决定我们能否免受焦虑、愤怒和抑郁之苦。我们的情绪在很大程度上受制于我们的信念、思考问题的方式。这正是情绪不易控制的真正原因。人活着，就免不了体验这些情绪。情绪左右了人类无数的决定和行为，无论是对我们的学习经验还是社会适应能力来说，情绪都扮演着非常重要的角色。

由上可见，情绪是因多种情感交错而引起的一连串反应，与环境有着密不可分的互动关系，它并不是呼之即来、挥之即去的。学会控制情绪是我们成功的要诀。世上有许多事情的确是难以预料的，人与人的相处也难免会有磕磕碰碰。人的一生有如簇簇繁花，既有红火耀眼之时，也有暗淡萧条之日；人与人相处，既可能如亲人一样互敬互爱，也可能如敌人一样发生碰撞摩擦。但是，不管我们面对着怎样的境遇，都要尽量保持自己的风度，既不要自暴自弃，也不可盛气凌人。那么，怎么才能摆脱"情绪奴隶"这个称号，将自己从情绪的绑架中解救出来呢？

第一，要学习点辩证法，懂得用一分为二、变化发展的眼光看问题，在任何情况下，都不要把事物看"死"。

第二，要陶冶情操，培养广泛的兴趣，如书法、绘画、弈棋、种花、养鸟等，可以择其所好，修身养性。

第三，不要经常发脾气，遇事要量力而行；要有自知之明，要相信别人，多为别人着想。还有，要学会倾泻，懂得欢乐，不妨学学孩子跳几下，放开嗓子吼几句。

第四，有苦恼，也不要闷在肚里，可以向亲朋倾诉一番，甚至大哭一场。要广交朋友，消除孤独。多参加些体育锻炼，也是与情绪锻炼相辅相成、一举两得的好方法。

一个成功的人必定是有良好控制能力的人，控制自我不是说不发泄情绪，也不是不发脾气，过度压抑会适得其反。良好的控制自我就是不要凡事都情绪化，任由情绪发展，而是要适度控制，这是一种能力的体现。

如果我们不满意自己的现状，想改变它，那么首先应该改变的是我们自己。如果我们有了积极的心态，转换一个角度，我们就会看到不一样的风景，能够积极乐观地改善自己的环境和命运，那么我们周围所有的问题都会迎刃而解，这是理性的控制情绪的方法。

生活总是很多彩，又难以让人捉摸透，换一种心情去生活会让我们感受到生命的精彩。有这样一句歌谣：别人骑马我骑驴，仔细思量总不如，回头再一看，还有挑脚

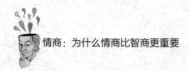

夫。这首歌谣虽理浅，足以醒世。哲人说：人生是块多棱镜，从不同的角度比较，会产生不同的效果。想要成为一个高情商者，首先就要学会控制情绪，这样你才可以如鱼得水地处理任何事情。那么从今天开始，让我们每天坚持情绪锻炼，做一个高情商的人吧。

让心灵地图为自己导航

人们往往在一些小事情上，无法觉察一个人的本性，常常为了困惑而产生坏情绪，同样我们对某一个犯了错的人常说"他本性还是好的"，本性好，为什么会犯下大错呢？

其实人的性格原本是多重性的，有阳光面，也有阴暗面。正常情况下，理智往往起决定性作用，把坏情绪都隐藏起来。这就是高情商的表现。

不论以前我们跟谁学的，不管我们学了多少流派、多少风格，不管所学的知识、技术多好，都要遵循本性。当然遵循本性也要对自己有一个准确的认知。人贵有自知之明，有自知之明的人，知道自己的优点和弱点，知道自己应该做什么，不该做什么，同时也会得出自己能做什么的结论。知道自己想要追求什么，才会变得更强大；避免自己的弱点去做事情，就会减少错误的机会。其实无论是面对自我，还是面对世界，每个人都有一定的思维方式。在人类的思想行为中，有"五大基本问题"：

第一，我是谁？

第二，如何成为今天的我？

第三，为什么我会有这样的思考、感受和行动？

第四，我能改变吗？

第五，最重要的问题是——怎么做？

延续这五大问题，我们的心灵告诉我们该怎么去认识世界、进行自我行动，让自己减少犯错。思维对一个人的发展来说，是至关重要的，它决定了我们对待自我、对待世界的态度。思维可以说是对于我们所能感知的世界的一个认知缩写，无论这个认知正确与否。

我们可以把思维比作地图。地图并不代表一个实际的地点，只是告诉我们有关地点的一些信息。思维也是这样，它不是实际的事物，而是对事物的诠释或理论。

著名的爱尔兰戏剧家王尔德曾经说过："那些自称了解自己的人，都是肤浅的人。"这的确是无可争辩的事实，因为对每个人来说，要想完全了解自己，并不是一件容易的事情。正像有些时候，我们面对镜子里的自己却发出疑问：这是我吗？所以，我们要用思维来为自己描绘一个心灵的地图，这样我们才不会迷路，才会真正地认识自己。

同样的，想改正缺点，但若着力点不对，也是白费功夫，与初衷背道而驰。或许我们并不在乎，因为我们奉行"只问耕耘，不问收获"的人生哲学。但问题在于方向错误，"地图"不对，努力便等于浪费。唯有方向（地图）正确，努力才有意义。在这种情况下，只问耕耘，不问收获也

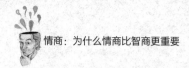

才有可取之处。因此，关键仍在于手上的地图是否正确。

生活中，我们在选择专业方向、工作单位、生活伴侣的时候，都会面对这样一个问题：什么是最好的呢？其实，这个世界根本就没有好的标准，只要合适，我们就找到了最好。

道格拉斯·玛拉赫写过这样一首诗：

> 如果你不能成为山顶上的高松，那就当棵山谷里的小树吧——但要当棵溪边最好的小树。
>
> 如果你不能成为一棵大树，那就当一丛小灌木；如果你不能成为一丛小灌木，那就当一片小草地。
>
> 如果你不能是一只麝香鹿，那就当一尾小鲈鱼——但要当湖里最活跃的小鲈鱼。
>
> 我们不能全是船长，必须有人也当水手。
>
> 这里有许多事让我们去做，有大事，有小事，但最重要的是我们身旁的事。
>
> 如果你不能成为大道，那就当一条小路；如果你不能成为太阳，那就当一颗星星。
>
> 决定成败的不是你尺寸的大小——而在于做一个最好的你！

是的，如果我们不伟大，就去做一个平凡的人，但最重要的是，我们要会给自己寻找适合自己的地图。

当然，我们不能一辈子就带着一幅地图，我们应该不断地描绘它、修改它，力求准确地反映客观现实，这样我们才不会在人间繁华里迷路。

但是，很多人过早地停止了描绘"地图"的工作，他们不再汲取新的信息，而自以为自己的"心灵地图"完美无缺，让自己在原地踏步，不肯向前走。当别人的脚步追赶上自己的时候，他们又开始焦虑、迷茫，殊不知，他们已经错过了修改心灵地图的机会。而那些成功人士往往能自觉地探索现实，永远扩展、冶炼、筛选他们对世界的理解，他们的精神生活也丰富多彩。

不要认为自己不可能

每个人的心中都住着一个邪恶的"神"，它的名字叫自卑。但凡自卑者，总是一味轻视自己，总感到自己这也不行，那也不行，什么也比不上别人。这种情绪一旦占据心头，结果是对什么都不感兴趣，忧虑、烦恼、焦虑纷至沓来。遇到一点困难或者挫折，更是长吁短叹、消沉绝望，那些光明、美丽的希望似乎都与自己断绝了关系。这与现代人应该具备的自信的气质和宽广的胸怀是格格不入的，必须引起人们的警觉。

其实我们的能量来自自然的赐予，而自然对于我们来说，仍是一个未知数。无法认识自然，也无法知道我们自

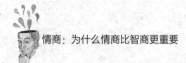

己到底存在多大力量。简而言之，"自己不可能知道自己的能力"，这才是真理。

人的一生中所有事情只有亲自经历才能下结论，既然如此，任何事情都"非做做看不可，否则不能说不能"。除了"做"，别无其他方法，如果做都没做，就提出能或不能的概念，这就是一个人精神虚弱的表现。

很多人都拿自己的经验来做论证："这件事我做不了。"但经验本身是微不足道的，有时还具有欺骗性。人必须遭遇未知的体验，才能发掘其潜能，所以生存的真正喜悦在于经常能够发现未曾自知的新力量，并惊讶地说出"原来我竟具有这种力量"，这才是人生最大的欣喜。

有人说，人们在通常情况下只发挥出了他个人能力的1/10，而在受到了严重的挫伤和刺激之后，才能将大部分或者全部隐藏的能力爆发出来。所以，在我们的生活中，我们常常看到一些碌碌无为的人，在经历了一些生活的苦痛和精神上的折磨之后，会突然爆发出很大的潜能，做出很多让人意想不到的事情来，可见，人并不是"不可能"，而是没有发现自己的能力而已。

自信所产生的有效力量是强大的。当我们充满了自信，就不会总说"我不能"，我们身上的所有力量就会紧密团结起来，帮助我们实现理想，因为精力总是跟随我们确定的理想走。一定要对自己有一种卓越的自信，一定要相信"天生我材必有用"。如果我们坚持不懈地努力达到最高要求，那么由此而产生的动力就会帮助我们摘去"我不能”的精神虚弱者的面具。

关于信心的威力，并没有什么神秘可言。信心在一个人成大事的过程中是这样起作用的：相信“我确实能做到”的态度，产生了能力、技巧与精力这些必备条件，即每当我们相信“我能做到”时，自然就会想出“如何去做”的方法。

相信自己的能力，我们就能摘下“我不能”的精神虚弱者的面具。相信自己有能力做好身边的每一件事，只有树立这样的信心，才可以走出消极心理的圈子，走上成功之路。

有一位哲人说：“任何的限制，都是从自己的内心开始的。”当自己不再相信自己，将自己的勇气和信心都锁进了心门里的时候，我们就再也完不成心中积极向上的誓言了。所以，想要人生按照自己的方向行走，想要生命中所有的潜能都爆发出来，就要敢于突破心中的枷锁、突破自我。

在这个世界上没有什么不可能，只要我们敢想、敢去闯，只要我们有智慧、有毅力，有让人敬重的品质，那些令人望而生畏的“不可能”也会被我们彻底征服。

如果有人告诉我们：“水声可以卖钱。”我们大概会说：“那不可能。”然而，美国有个普通人就实现了这个“不可能”。他用立体声录下许多潺潺的水声，复制后贴上“大自然美妙乐章”的标签高价出售，大赚其钱。而这仅仅是社会生活中一个变“不可能”为可能的简单事例。

在这个世界上，没有什么是不可能做到的。世界上有很多事，只要我们去做，我们就能成功。首先，我们要在

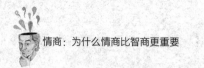

思想上突破"不可能"这个禁锢，然后从行动上开始向"不可能"挑战，这样我们才能够将"不可能"变成"可能"。

成功学导师爱默生说："相信自己能，便会攻无不克……不能每天超越一个恐惧，便从未学会生命的第一课。"

很多人的"我不能"并非客观上的原因，而是因为自卑而贬低了自己的能力，才使得自己变得无精打采、毫无斗志。这些人夸大了自己身上的缺点。

如果我们认为自己满身是缺点；如果我们自认为是一个笨拙的人，是一个总是面临不幸的人；如果我们承认自己绝不能取得其他人所能取得的成就，那么，我们只会因为自卑而失败。通常，一个人做事情最大的敌人就是自卑。绝大多数人的自信心都不足。

成功的字典里没有"我不能"，经常告诉自己"我可以"，就会在心里形成一种积极的暗示，很多看似超越自身能力所及的事情也可以迎刃而解。

第三章

管理自我，成功人生的关键

为情绪找一个出口

心理学上把焦虑、紧张、愤怒、沮丧、悲伤、痛苦等情绪统称为负性情绪，有时又称为负面情绪，人们之所以这样称呼这些情绪，是因为此类情绪体验是不积极的，身体也会有不适感，甚至影响工作和生活的顺利进行，进而有可能引起身心的伤害。

情绪的宣泄是平衡心理、保持和增进心理健康的重要方法。不良情绪来临时，我们不应一味控制与压抑，而应该用一种恰当的方式，给汹涌的情绪一个适当的出口，让它从我们的身上流走。

在我们的生活中，可能会产生各种各样的情绪，情绪上的矛盾如果长期堆积在心中，就会影响脑的功能或引发身心疾病。因而，我们要及时排解。很多时候，只要把困扰我们的问题说出来，心情就会感到舒畅。我国古代，有许多人在他们遭到不幸时，常常有感赋诗，这实际上也是

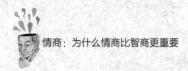

使情绪得到正常宣泄的一种方式。有人经过研究认为，在愤怒的情绪状态下，伴有血压升高，这是正常的生理反应。如果怒气能适当地宣泄，紧张情绪就可以获得松弛，升高的血压也会降下来；如果怒气受到压抑，长期得不到发泄，那么紧张情绪得不到平定，血压也降不下来，持续过久，就有可能导致高血压。由此可见，情绪需要及时地宣泄。

　　尽管自控是控制情绪的最佳方式，但在实际生活中，始终以积极、乐观的心态去面对不顺心的外部刺激，是非常难做到的。所以，人们在控制情绪时常常综合应用忍耐和自控的方法，而且，为了顾忌全局，暂时忍耐的方法用得更多。所以，尽管在面对不愉快时会努力做到自控，但往往并非能做到真正的洒脱，还需要检验个人的忍耐力。然而，每个人的忍耐力都是有极限的，当情绪上的烦躁、内心的痛苦累积到一定程度，最终会非理性地爆发出来。所以，在实际生活中，不能一味地"操之在我"，还要懂得适当地宣泄，为自己的坏情绪找一个"出口"，将内心的痛苦有意识地释放出来，而非不可控地爆发。对于情绪的宣泄，可以采用如下几种方法。

　　1. 直接对刺激源发怒

　　如果发怒有利于澄清问题，具有积极性、有益性和合理性，就要当怒而怒。这不但可以释放自己的情绪，也是一个人坚持原则、提倡正义的集中体现。

　　2. 借助他物出气

　　把心中的悲痛、忧伤、郁闷、遗憾痛快淋漓地发泄出来，不但能够充分地释放情绪，而且可以避免误解和冲突。

3. 学会倾诉

当遇到不愉快的事时，不要自己生闷气，把不良心境压抑在内心，而应当学会倾诉。

4. 高歌释放压力

音乐疗法对治疗心理疾病具有特殊的作用，它主要是通过听不同的乐曲把人们从不同的不良情绪中解脱出来。除了听，自己唱也能起到同样的作用。尤其高声歌唱，是排除紧张、激动情绪的有效手段。

5. 以静制动

当人的心情不好，产生不良情绪体验，内心显得十分激动、烦躁、坐立不安，此时，可以默默地侍花弄草，沉浸于鸟语花香之中，或挥毫书画，垂钓河边。这种看似与排除不良情绪无关的行为恰是一种以静制动的独特的宣泄方式，它是以清静雅致的态度平息心头怒气，从而排除沉重的压抑。

6. 哭泣

哭泣可以释放人心中的压力，往往当一个人哭过之后，发现心情会舒畅很多。

当然，宣泄也应采取适当的正确方式，一些诸如借助他人出气、将工作中的不顺心带回家中、让自己的不得意牵连朋友等的做法是不可取的，这于己于人都是不利的。与其把满腔怒火闷在心中，伤了自己，不如找个合适的出

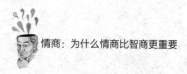

口，让自己更快乐一些。

生活在大千世界中的人，在性格、爱好、职业、习惯等诸方面存在着很大的差异，对事物、问题的认识与理解也不尽相同。因此，我们不能要求他人与自己一样，不能以自己的标准和经验来衡量他人的所作所为，要承认他人与自己的差别，并能容忍这种差别。不要企图去改变别人，这样做是徒劳的。

人不能没有脾气，尽管我们是有涵养的人，也不免有时要发一下脾气。遇事不如意，看人不顺眼，因而生气，几乎成为这个社会中屡见不鲜的事了。不过，即使屡见不鲜，并非无碍，也不一定是好事。脾气之所以成为问题，乃在于自己所说的话太刻薄，所做的事太过分，不但会刺伤别人的心，使自己后悔莫及，而且还会把事情弄砸了，把人际关系也弄僵了，这就是发脾气的恶劣后果。所以，一定要记住：当自己想要发脾气的时候就要给自己的情绪找一个宣泄的出口，管理情绪，而不是压抑。

管理情绪应具备的心态

决定一个人心情的，不在于环境，而在于心境。每个人都会遭遇磨难与挫折，会遇到这样那样的不如意，面对生命中的这些难题，我们应该管理自己的情绪，让自己走出情绪的阴霾。要顺利地进行心理调适，管理好自己的情绪应当具备以下几种心态。

1. 希望

世事无常，我们随时都会遇到困厄和挫折。遇见生命中突如其来的困难时，在心中播下希望的种子，这样就能够在艰苦的岁月抱有一份希望，不至于被各种困难吓倒。

希望是引爆生命潜能的导火索，是激发生命激情的催化剂。内心充满希望，它可以为你增添一分勇气和力量，它可以支撑起你一身的傲骨。让我们在面对厄运、面对失败、面对重大灾难的时候能够永葆快乐心情，这样我们的生命就不会枯萎，最终能够走出困境，达到梦想的目的地。

2. 乐观

牛顿曾说过："愉快的生活是由愉快的思想造成的，愉快的思想又是由乐观的个性产生的。"乐观的人总能在困难和不幸中发现美好的事物，他们总向前看，他们相信自己，相信自己能主宰一切，包括快乐和痛苦。

我们必须清楚，生活是喜怒哀乐之事的总和，不顺心、不如意，是人生不可避免的一部分，这些都不是我们个人的力量所能左右的。明白了这一点，我们就会对生活抱一种达观的态度，而当这种态度占据一个人的心灵后，他就拥有了阳光的心态。

3. 幽默

幽默的人生是乐趣无穷的人生。在生活中，幽默可以缓解矛盾，调节心情，促使心理处于相对平衡的状态。它

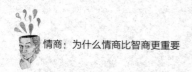

就像阳光一样，可以使这个世界变得温暖明媚。学会和善于运用幽默，会令我们的工作、生活更为丰富和快乐。

幽默的方式方法有多种，从其性质来看，有滑稽的、荒谬的，有协调的，有出人意料的，有戏谑、诙谐、反讽、挖苦等。需要强调的是，运用幽默谈吐时，要考虑场合和对象。一般情况下，在日常社交场合中，可以多用幽默；在学术性或政治性交往活动中则要慎用幽默，应注意不适当的幽默会削弱听众对主题的注意；对待敌人、恶人则要用讽刺性幽默，以便在用幽默讥讽、鞭挞对方的同时，给周围的同事、朋友以快感。

4.感恩

怀着感恩之心去生活，我们便拥有了一份理智、一份平和、一份进取，才不会浮躁、不会抱怨、不会悲观，更不会放弃。人们常说，保持微笑可以延缓衰老，使我们更显年轻，而常怀感激则会使我们的心永远充满希望，生机盎然。

5.包容

人与人之间常常因为一些彼此无法释怀的坚持，而造成永远的伤害。如果我们都能从自己做起，开始包容地看待他人，就能让自己活得更自在、更轻松。别忘了，帮别人开启一扇窗，也就是让自己看到更完整的天空。

6.豁达

豁达的度量，从根本上说是来自一个人宽广的胸怀。一个人倘若没有远大的生活理想和目标，其心胸必然狭窄，就像马克思所形容的那样：愚蠢庸俗、斤斤计较、贪图私利的人，总是看到自以为吃亏的事情。眼睛只盯着自己的私利，根本不可能有豁达和宽容的胸怀和度量。"心底无私天地宽"，只有从个人私利的小圈子中解放出来，心里经常装着更远、更大目标的人，才能具备宽广的胸怀，领略到海阔天空的精神境界。

7. 真诚

真诚的心是透明的，没有杂质的，它告诉身边的人：我没有撒谎，也没有伪装，我所说的和做的都是自然情感的流露。真诚的人被别人误解了，也会伤心难过，但是至少对自己的心负了责任，无愧于自己。以诚待人，能够在人与人之间架起一座信任之桥，能够向对方心灵彼岸靠近，从而消除猜疑、戒备心理，彼此成为知心朋友。想成为一个高情商的、真正管理好自我的人，真诚是最基本的心态。

8. 热情

热情，是一种无法抗拒的力量。每一个深陷困境，备受折磨的人都不能没有它。对生活充满热情的人都有着积极的心态、积极的精神状态，在人群当中，热情是用一种极富感染力的表达方式来表示对别人的支持的。拥有热情的人，无论碰到什么事情，都能够以积极的心态去面对、去行动。

9. 平静

宝贵的平常心会让我们宠辱不惊。一个人，无论成

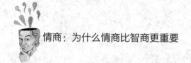

败，只要能拥有一颗宁静的心，他就是幸福的。平常心贵在平常，波澜不惊，生死无畏，于无声处听惊雷，平常心是一种超脱眼前得失的清静心、光明心。贫贱不能移，富贵不能淫，威武不能屈。安贫乐富，富亦有道。

无论处于何种环境下，都能拥有平常心，那一定是个了不起的人，即使不是个圣人，也是个贤人。只要我们努力，就能够以平常心去对待纷杂的世事和漫长的人生，并跨越人生的障碍。所以平常心，看似平常，实不平常。

摆脱忧虑就乐活

忧虑是一种过度忧愁和伤感的情绪体验。忧虑在情绪上表现出强烈而持久的悲伤，觉得心情压抑和苦闷，并伴随着焦虑、烦躁及易激怒等反应；在认识上表现出负性的自我评价，感到自己没有价值，生活没有意义，对未来充满悲观；还表现在对各种事物缺乏兴趣，依赖性增强，活动水平下降，回避与他人交往，并伴有自卑感，严重者还会产生自杀想法。

一个人为什么会忧虑，其产生原因是多方面的，但主要是源于自我。正像英国作家萨克雷所说的："生活就是一面镜子，你笑，它也笑；你哭，它也哭。"这与一个人的社会经验的多寡是有关的。这些人对社会、对他人的期望值过高，然而对实现美好愿望的艰巨性、复杂性又估计不足，于是当愿望与现实之间出现巨大落差时，就会产生失落感，进而失望、失意或忧虑。

忧虑的人也许是各有各的忧虑，但快乐的人都是相似的。他们在面对人生的各种选择之时，总会选择让自己快乐的那一种。

忧虑是健康的杀手。曾写过《神经性胃病》一书的约瑟夫·孟坦博士说："胃溃疡的产生，不在于你吃了什么，而在于你忧虑什么。"也有著名的医学博士认为："胃溃疡通常是根据人情绪紧张的程度发作或消失的。"之所以得出这样的结论是因为许多专家在研究了梅育诊所胃病患者的纪录之后得到证实，有 4／5 的病人得胃病并不是生理因素，而是恐惧、忧虑、憎恨、极端的自私及对现实生活的无法适应。

柏拉图说过："医生所犯的最大错误在于，他们只治疗身体，不医治精神。但精神和肉体是一体的，不可分开处置。"

由于现代生活的节奏加快，各种信息铺天盖地地占满了我们的生活空间，在大脑一刻不得闲的情况下，精神首先感到这种无形的巨大压力，各种忧虑也随之而来，其中大多是没有必要或不值得忧虑的。忧虑就如同散布在人们生活的空气中的细菌一样，时刻威胁到人们的健康。但是与其他疾病不同的是，它是一个隐形杀手，你能感到它的存在，却看不到它的形状。消除它的方法也很简单，只要你的大脑里不让它停留，那么它在你的心中便无法藏身。

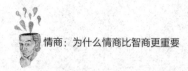

忧虑对一个人具有一定的危害性，在生活中，一个经常处于忧虑状态中的人需要从以下几个方面进行心理治疗。

1. 要积极参与现实生活

如认真地读书、关注时事，了解并接受新事物，积极参与社会实践活动，学会从历史的高度看问题，顺应时代潮流，不能老是站在原地思考问题。

2. 要学会在过去与现实之间寻找最佳结合点

如果对新事物立刻接受有困难，可以在新旧事物之间找一个突破口，如思考再造辉煌，不忘老朋友、发展新朋友等，从新旧结合做起。

3. 要充分发挥适当忧虑的积极功能

适当忧虑有一种让人深刻反思和不满于现状的积极功能。这方面的功能多一些，病态的过度忧虑就会减少。因此，也不应对忧虑行为一概反对，适当忧虑还是要提倡的。

人生在世，不可能事事得意，事事顺心。面对挫折能够虚怀若谷，大智若愚，保持一种恬淡平和的心境，这是人生的智慧。正如马克思所言："一种美好的心情，比十服良药更能解除生理上的疲惫和痛楚。"

培养有益于生活的品德

小赢靠智，大赢靠德。一个人生活在这个社会上，智力和才华可能让自己敲开很多扇门，得到很多难得的发展机会。但若想在门内长久发展，最终还得靠优良的品性。这是一个人的立身之本，成事之基。

世上很多成大事的人，他们没有什么家世背景，从一穷二白起家，却能顺利打开局面，人气越来越旺，事业不断向前发展，这在很大程度上，靠的就是优秀的品德，如诚信、宽厚待人、感恩。同时，他们也胸襟开阔、百折不挠、勇往直前。这些品德让他们赢得了人们的跟随，从而取得了辉煌的事业。

因此，我们为人处世，必须在道德上下足功夫，主要可以培养以下几种优良品质。

1. 培养正直

正直的道德内涵是十分丰富的，它既是一种公正的道德意识，又是一种高尚的道德情感，也是一种纯正的思想作风和正当的道德行为。正直的实质是为公还是为私的问题，为公为正，为私为邪；秉公为直，偏私为恶。正直和邪恶是对立的。

英国学者阿瑟·戈森说：正直的人都是抗震的，他们似乎有一种内在的平静，使他们能够经受住挫折，甚至是不公平的待遇。正直是一种最完美、崇高的感情。它高于一切，能够让真相显现、让坏人得到惩罚，但这一切的前提是：我们必须有足够的勇气战胜阻碍正义的屏障，这些障碍包括权威、私利、虚荣等很多因素。这就要求我们对自己负责，有勇气坚持自己的信念。这包括有能力去坚持

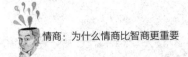

自己认为是正确的东西，在需要的时候义无反顾，并能公开反对自己确认是错误的东西。

2.培养诚实

诚实是一种高尚的品格，它可以让一个人的心灵变得尊贵，品格变得高尚。一个能够对自己和他人都保持诚实的人，一定可以实现更高的理想。谎言和欺骗也许会暂时让人戴上耀眼的光环，但光环一旦撤去，他必将暗淡无光。

如果我们希望自己能成为一个品行高尚的人，那么无论何时都请选择与诚实为伍。对别人诚实，同时也对自己诚实，我们会发现这才是自己最大的利益和财富！马克·吐温说："实话是我们最宝贵的东西，我们节省着使用吧。"

3.培养独立性格

独立行走，让猿终于成为万物灵长；扔掉手中的拐杖，我们才可以走出属于自己的路。人生的轨迹不需要别人定度，只有自己才能为自己的人生画布着色。去除依赖，独立完成人生的乐谱，相信自己定能奏响生命雄壮的乐章。

世上有一种人，总是存在极强的依赖心理，习惯依靠拐杖走路，尤其是依靠别人的拐杖走路，最终的结局他将一无所有。一个杰出的人，是不会依赖别人的，因为他不会让懒惰有机可乘；也只有杰出的人，才更懂得享受自己动手时的美妙体验。

4. 培养责任感

责任并不是一种强加的义务，而是对一个人的基本要求。它承载着一个人的人格，只有负起责任的时候，我们才能找回做人的根本。特别是自己犯了错误之后，更应该担当起责任。一个不负责的人永远不可能获得成功，他如同一个莽汉，对自己的行为不加约束，不加重视，做事既没有严谨负责的精神和态度，也没有清晰的规划，最终只能接受失败的下场。相反，一个有强烈责任感的人，就像一个有计划的工程师，时时刻刻让事情朝着自己想要的方向发展，从而取得成功。

5. 培养勇气

在现实生活中，许多事情都需要勇气做支撑。放弃需要勇气，拒绝需要勇气，尝试需要勇气，冒险需要勇气，甚至连说话都需要勇气。所以当生活遭遇困境时，我们不必寻找借口和理由来逃避，只需要拥有一点点勇气，我们的世界会变得不一样。

勇气是产生于人的意识深处的对自我力量的确信，是自我能力能压倒一切的信念，是相信自己可以面对一切紧急状况，处理一切障碍，并能控制任何局面的信心，是穿越重重险阻、历经磨难走向成功的意志；勇气，是一种阳光般的力量，源自自我潜意识深处的积极暗示。一个人如果缺乏勇气，就失去了承担责任的基础，而只能在他人的庇护之下生存，无法面对人生的任何压力和挑战。

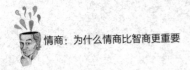

6. 培养同情心

想要提高自己情商的人应记得时刻保持一颗同情心，常对别人奉献自己的爱心，帮助别人。帮助别人就是帮助自己，而且当我们为别人付出的时候，本身就体验到了生命的快乐和富足。为别人付出你的爱心，种下一片希望，就会有硕果累累的一天，就能品尝到丰收的喜悦。我们不能对身处困境的人熟视无睹，那种丧失了同情心的人同时也会把自己推进冷漠的世界。

积极汲取新知

爱因斯坦说过："人们解决世上所有的问题，是用大脑、能力和智慧。"而智慧则来源于日常知识的积累。世界无限广阔，知识永无穷尽。如果把自己看到的一个角落当作整个世界，把自己知道的一点点知识看作人类文化的总和，那就会跟枯井里的青蛙一样，成为孤陋寡闻、夜郎自大和安于现状的角色。当今世界科技发达、瞬息万变，拘泥于单一的环境、安于现状的人难成大事。而那些放开眼光，保持积极开放的状态，不断去汲取新知的人，才有可能构筑和实现他人无法企及的梦想。

克林顿曾说过："在这个经济时代，谁不善于学习，谁就没有未来。"人不是一生下来就拥有一切，而是靠自身从学习中得到的知识来造就自己的。每个人的一生，不管苦与乐，不论成与败，都是一个不断学习、不断获取知识的历程。事实上，一个人必须从环境中不断地学习那些自然和本能没有赋予他的生存技术。保持积极开放的状态，并终身学习。

21世纪对能力界限的新要求迫使人们重新审视自己所学的知识，但不管时代怎样发展，我们都应保持清醒的头脑，清晰明了地理解知识与能力的关系。培根的"知识就是力量"口号提出以后，又明确地指出："各种学问并不把它们本身的用途教给我们，如何应用这些学问乃是学问以外的、学问以上的一种智慧。"

也就是说，有了同等知识，并不等于有了与之同等的能力。我们通过不断的学习，掌握了丰富的知识后，需要将知识转化为相应的能力，这样才能为我们的成功增添筹码。将知识转化成能力的过程也就是学以致用的过程。

据美国国家研究委员会调查，半数的劳工技能在1～5年内就变得一无所用，而以前这段技能的淘汰期是7～14年。特别是在工程界，毕业10年后所学还能派上用场的不足1/4。因此，不断学习也是有为青年的必要选择，只有不断地学习，不断为自己充电，才会拥有一个永远加速的未来。

有人做出这样的结论：按一个人工作45年计算，他的知识大约只有20%是在学校获得的，而其余的80%是一生的其他时间获得的。因而，我们必须有终生学习的准备。"活到老，学到老"不再是少数人的美德，而是社会对每

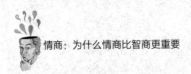

个成员的普遍要求。学习如逆水行舟一样，不进则退。要成为有学问的人，贵在勤勉和持之以恒的努力，如果取得一点成就就沾沾自喜、满足现状，再聪明的人也难免会有江郎才尽的一天。

很早以前，罗曼·罗兰就说："成年人慢慢被时代淘汰的最大原因不是年龄的增长，而是学习热情的减退。"如果我们始终保持学习热情，在走出校门后继续学习、终身学习，就能获得成功。学习，是人的一生中一项最重要的投资，一项伴随终身，最有效、最划算、最安全的投资，任何一项投资都比不上这项投资。它会让人们的智慧不断升值。

比尔·盖茨说："你可以离开学校，但你不可以离开学习。"确实如此，学习应当成为我们的工作方式，学习还应该成为我们的生活方式。学习的内容有很多，方式也有不少。技术工人需要学习专业技能，市场人员需要学习业务知识，管理人员需要学习管理知识，领导人员需要学习领导技巧。我们可以通过读书学习，可以通过网络学习，可以通过培训项目学习，还可以通过其他的我们可以想到的一切方式来学习。

学习并不一定是一口气买很多书，花费整个周末甚至一段时间去参加培训班，每天利用空闲的时间看点书，学一点东西，每天为自己的大脑充电，这样长期积累的知识，甚至比信誓旦旦要学习而无法坚持的人学得要多。不断学习，向成功的人学习，向身边的人学习，只要每天进步一点点，就没有什么能阻挡我们抵达成功的彼岸，而自己人生的格局之门就会缓缓打开。

正如爱因斯坦所说，"学习、不断地追求真理和美，是使人们能永葆青春的活动范围"，保持积极开放的状态，不断学习也会使我们的幸福像花儿一样开放。花不浇水便枯而凋，人不学习便老而衰。

学习就是这样，当我们掌握了学习的能力，自身的知识结构便永不会老化，幸福的花儿便会为自己开。人总是在学习中进步，奋斗中成功，无论何时，都要使自己具备学习的能力，这样，我们的知识便会源源不断地得到充实和更新，请记住：千万不要让自己的学习能力比双腿老化得更快，这就是成功的法宝。

运用习惯的惊人力量

习惯是一种长期形成的思维方式、处事态度。每个人都需要有习惯，但是我们要做习惯的主人，而不是做习惯的奴隶。习惯具有很强的惯性，像车轮一样。人们往往会不自觉地服从自己的这些习惯，不论是好习惯还是坏习惯，都是如此。习惯的力量不经意间会影响人的一生。

习惯真是一种顽强而巨大的力量，它可以主宰人生，它更能影响人的身心健康。好习惯是一种无形的资产，在不经意间为我们赢得意想不到的价值和惊喜。一个好习惯

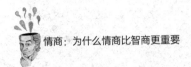

的养成会让我们终身受益，坏习惯则会让自己时常遭受折磨。所以，我们要学会运用习惯的惊人力量，让自己培养一个好习惯。

生活不能没有良好的习惯，人们常说播种行为收获习惯，播种习惯收获性格，播种性格收获命运。抽象地说，一个动作，一种行为，多次重复，就能变成习惯性动作。人的知识积累、才能增长、极限突破等，都是习惯性动作，是行为不断重复的结果。

英国词典学家塞·约翰生曾说过："习惯的锁链隐而不易觉察，直到有一天牢不可破时，人们才会发觉其存在。"每一个人都会有这样那样的习惯，不要忽视生活中的任何一个习惯，因为微小的习惯也可能改变你的命运，习惯的力量是巨大的。

奥维德说："没有什么比习惯的力量更强大。"习惯，是一个人思想与行为的真正领导者。习惯让我们减少了思考的时间，简化了行动的步骤，让我们更有效率；也让我们封闭，保守，自以为是，墨守成规。在我们的身上，科学的好习惯与不科学的坏习惯并存。获得成功的程度就取决于好习惯的多少，所以说人生仿佛就是一场好习惯与坏习惯的拉锯战。把优秀的习惯坚持下来就意味着踏上了成功的快车。

杰出和平庸之间的差别之一就是他们的习惯不同。良好的习惯是打开走向杰出大门的钥匙，而坏的习惯则是深陷双腿的泥潭。要想摒弃平庸，实现目标，就必须具有良好的思维习惯和行为习惯，用好的习惯去制约坏的习惯。

比尔·盖茨认为，是守时、精确、坚定和迅捷四种良好的习惯造就了成功的人生。没有守时的习惯，我们就会浪费时间，空耗生命；没有精确的习惯，我们就会损害自己的信誉；没有坚定的习惯，我们做事情就无法坚持到成功的那一天；而没有迅捷的习惯，那些原本可以帮助我们赢得成功的良机，就会与我们擦肩而过，而且可能永不再来。

如果我们在日常工作和生活中养成了尽职尽责的好习惯，那就无异于为将来的成功埋下了一粒饱满的种子，一旦机会出现，这颗种子就会在我们的人生土壤中破土而出、茁壮成长，最终成长为一棵参天大树。但是如果我们养成了轻视工作、马马虎虎的习惯，以及对手头工作敷衍了事、糊弄的态度，终其一生我们都会处于社会底层。那么，如何破除恶习，而代之以良好习惯呢？

1. 运用意愿力

习惯之所以形成，是因为潜意识把这种行为跟愉快、慰藉或满足联系起来。潜意识不属于理性思考的范畴，而是情绪活动的中心。"这种习惯会毁掉你的一生。"理智这样说，潜意识却不理会，它"害怕"放弃令其得到安慰的习惯。运用理智对抗潜意识，简直难以制胜，因此，要戒掉恶习，运用意志力不及运用意愿力有效。

2. 按部就班

一旦决定改变习惯，就拟定当月的目标。要切合实

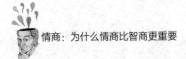

际，善于利用目标的"吸引力"。如果目标太大，就把它化整为零。达到一项小目标时不妨自我奖励一下，借以加强目标的吸引力。

3.切勿气馁

成功值得奖励，但失败也不必惩罚。在改变习惯的时间内如果偶有失误，不要自责或放弃，一次失误不见得是故态复萌。人们往往认为，重拾坏习惯的强烈愿望如果不能达到，终会成为破坏力量。然而只要转移注意力，即使是几分钟，那种愿望也会消散，而自制力则会因此加强。避免重染旧习比最初戒掉时更困难。但是如果我们把新习惯维持得越久，就越不会重蹈覆辙。

好习惯是一生的财富，不要轻视任何一个习惯，即使它再小，只要我们一旦养成，就不容易消失。所以，想成为一个成功者不仅要养成一个好的习惯，还应该行动起来，这样才能真正受益无穷。

第四章

完善自己，成就完美人生

每天给自己一个希望

　　每天给自己一个希望，就是给自己一个目标，给自己一点信心。生命是有限的，但希望是无限的，只要我们不忘每天给自己一个希望，我们就一定能够拥有一个丰富多彩的人生。

　　在心理学上，信念是指人们对基本需要与愿望强烈的坚定不移的思想情感意识。信念是意志行为的基础，是个体动机目标与其整体长远目标相互的统一，没有信念人们就不会有意志，更不会有积极主动的行为。信念是一种心理动能，其行为上的作用在于通过内在的一种能量激发人们潜在的精力、体力、能力、智力，以实现与基本需求、欲望、信仰相应的行为志向，我们要给自己的人生一个信念，来指引我们前行。

　　有一句话这样说，"你想成为什么样的人，就能成为什么样的人"。无论任何时候，我们都要经常用这句话来

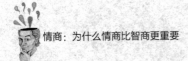

鼓励自己，直到它变成自己的一部分，成为习惯，每天给自己一个目标，让自己成为自己期待的样子，成就一个完美的人生。

我们需要选择自己的生活道路，确定人生的目标，也就是为自己"人生道路怎么走""朝着什么方向走""最终要达到什么目的"进行设计。被别人"保证"，并且照着别人的"保证"去做的人，他的生命注定只能平淡无奇，碌碌无为。只有对自己的生命充满激情和幻想的人，才会不断地超越自己，达到一个又一个高峰。

当我们有了一个明确的目标之后，就会在心里对自己产生一种坚定的信念，并且不断地激励自己朝着那个目标前进。虽然，现实中并不是百分之百我们想成为谁就成为谁，但是，它的真正意义在于我们对它的信念。因为只要我们觉得可能，它就会变成可能。就好像爱迪生发明灯泡一样，虽然失败了2000多次，但他还是坚持尝试，因为，在他的心里，始终相信"可能"，相信自己一定能办到。

我们可以想象一下，当自己背着一个包走在路上，突然前方出现了一堵厚厚的墙，要怎样去做呢？第一，我们会觉得很遗憾，所以掉头回去；第二，可以掏出大锤，砸碎墙然后走过去；第三，先把背包扔过去，然后自己再想办法过去。在这三种情景中，只有第三种做法能保证人一定可以翻墙而过，为什么呢？因为我们必须要拿回自己的背包，现在背书被扔过去了，所以务必要想办法越过墙，可以砸碎它，可以钻过去，可以绕过去，可以翻过去，或者想出一个没有人尝试过的点子。这和目标设定的原理是一样的，一旦目标设定了，它就会帮助人们重塑现实。

在实现目标的过程中，我们总会遇到很多困难。正因为有了无所不在的困难和挫折，我们内在的自我潜能才能得到更深层次的挖掘和利用，如果生活总是一帆风顺，那我们自身就不会获得更大的进步。所以，逃避困难的行为不仅不现实，还不利于我们自身的进步和发展。为此，我们不仅不能逃避困难，还应该以更加积极的心态来主动迎接困难，每天给自己一个希望，通过自己坚持不懈的努力最终克服困难、实现成功。

珍惜每一个属于自己的日子，不在今天后悔昨天，不在今天挥霍明天。走好每一步，过好每一天。每天都让自己有一个全新的开始，每天给自己一个希望，让我们能够充满士气地面对自己的生活，而不是将时间花费在无尽的悲哀和苦闷上。生命有限但希望无限，每天给自己一个希望，我们就能够拥有一个丰富多彩的人生。

有希望就会有期待，当我们养成一个习惯，每天期待一件惊喜的事发生，那么我们的期待，就没有一天会落空。也就是说，我们期待得愈多，得到的意外喜悦就愈多。如果一个人心中整天都装满了希望，那么他还有什么理由去叹息，去悲哀，去烦恼？

居里夫人曾经说过："我的最高原则是：不论遇到什么困难，都绝不屈服。"生活中时常会出现不顺的时刻，折磨人的逆境在所难免。记住，在任何时候，都不要放弃

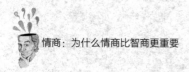

希望，即使再困难的境况，也要坚持，将希望放在心头，最终我们会迎来雨过天晴的那一天。

在这个世界上，有许多事情是我们难以预料的，但我们并不会因此而陷入绝望。我们不能控制际遇，却可以掌握自己；我们无法预知未来，却可以把握现在；我们不知道自己的生命到底有多长，却可以安排当下的生活；我们左右不了变化无常的天气，却可以调整自己的心情。只要活着，就有希望。

学会减压，轻松前行

人生的各个阶段都有压力：读书有压力，上班有压力，做平常老百姓有压力，做领导干部也有压力。总之，压力无处不在。如果我们没有学会减压，就会觉得生活很辛苦。其实压力和坏情绪都是自己给的。要随时给自己减压，人生才能真正轻松。

在生活中，几乎所有的困难、挫折和不幸都会给人带来心理上的压力和情绪上的痛苦，都会使人面临前进与后退、奋起与消沉的困惑，而关键则在于我们是否能控制这种情绪，驾驭自己心理上的压力。其实，压力不是一种客观事实，而是一种主观感受。相同的事在不同的人眼中，会产生完全不同的感受。同样的事在同一个人身上，也可以随着环境、时间转变，而产生不同程度的压力。例如，我们第一次参加面试时会紧张得气也喘不过来，但当参加第十次、第二十次时，自己就仿佛如履平地，不费吹灰之力就可以安然度过了。

美国鲍尔教授说："人们在感受工作中的压力时，与其试图通过放松的技巧来应付压力，不如激励自己去面对压力。"压力带给人的感觉不仅仅是痛苦和沉重，它也能激发人的斗志和内在的激情，使我们兴奋，使我们的潜能被开发。

压力和挫折没有人可以避免，重要的是要有豁达、乐观、坚毅、忍耐的性格，要搞清楚自己的位置和方向，才能走过失败，重新振作。只要我们正视压力，学着了解自己的需求和能力，找到一些控制压力的方法，做好自我调节，适当减压，摆正自己的位置，不过高要求自己，也不低估自己的能力，放宽心，多运动，就可以轻松生活。以下是一些行之有效的减压方法，可以帮助我们随时减压。

1. 音乐治疗

音乐具有安定情绪和抚慰的功效。想尽情地发泄一番，那就听听摇滚乐；想理清一下情绪，那就听听古典音乐。买上一两张新碟，把自己关在房间里戴上耳机，我们就可以尽情地沉浸在音乐的王国里了。

2. 影视治疗

看电影也是一个很不错的减压方法。有空去电影院看悲剧片和喜剧片都是很好的选择。如果觉得一肚子的委屈

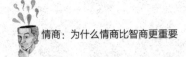

没有地方可以发泄，那就选一部悲剧片来看看，或者在心情烦躁时去看一些喜剧片，"笑一笑，十年少"，压力在笑声中会消失不见！

3. 户外活动

如果我们实在感到压力无处不在，令自己喘不过气来，也可以选择周末去郊外活动活动，可以约上三两知己一起行动，一边互谈人生，大吐工作中的苦水，一边尽情地享受户外清新的空气和美丽的田园景色，这样压力就会烟消云散了。

4. 养宠物

回家后，让一只可爱的宠物帮助自己忘却压力，再没有比这更好的方法了。科学家认为，养一只狗或是猫确实有好处。抚摸宠物会帮助我们降低血压和减缓压力——对于人和动物都一样。当然，对某些人来说，养小猫小狗本身就是一种压力。如果不喜欢宠物，也可以试着养一对金鱼。研究表明，仅仅是看着鱼在水草中游动，也能使人放松和减轻压力。

5. 大笑

大笑会使人心脏、血压和肌肉的紧张感得到舒缓，从而分散压力。科学家已经发现，大笑具有与有氧健身法相同的功效。当人们笑的时候，其心跳、血压和肌肉的紧张度都会明显上升，接着会降至原先的水平之下。不要犹豫，笑会使人更加放松。

除了以上列举的方法，还有很多种方式，我们可以在生活中慢慢寻找，慢慢积累。富兰克林·费尔德说过：
"成功与失败的分水岭可以用五个字来表达——我没有时间。"当我们面对繁重的工作任务感到精神与心情特别紧张和压抑的时候，不妨抽一点时间出去散心、休息，直至感到心情比较轻松后，再回到工作中来，这时我们就会发现自己的工作效率特别高。紧张过度，不仅会导致严重的精神疾病，还会使美好的人生走向阴暗。只有舒缓紧张情绪，放松自己的心灵之弦，才能在人生的道路上踏歌前进。

压力其实是一个过度使用的字眼。我们通常为必须承受最大压力的角色而竞争，并且因人们知道我们正处在压力之下而高兴。事实上，我们倾向于夸大我们所承受的压力又或者无形中给自己增加压力。

有学者说："当压力来临时，懂得减压的人才是高情商的人。"正确地看待压力，管理好自己的情绪。有很多人面对压力不是迎难而上，而是闹起了情绪，向别人抱怨、整天闷闷不乐。其实没有必要，你完全可以控制自己的情绪，把这些不必要的想法放在一边，集中精力做重要的事情，这样问题就会一点点解决，压力也自然消除了。

积极而理性地行动

莎士比亚说过："我们所要做的事，应该一想到就做；因为人的想法是会变化的，有多少舌头，多少手，多少意

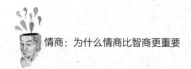

外，就会有多少犹豫，多少迟延……"在我们的一生中，永远有机遇在前方等着我们，但它们总是躲在一些角落里需要我们用积极而理性的心态去行动，而不是在那儿守株待兔。记住：不行动光有欲望，永远得不到我们想要的东西。

天上会不会掉馅饼？这是蠢问题。当然不会，除非在梦里。正如舒适的生活和高薪的工作都不是天上掉下来的，被动地等待是没有出路的，只有脚踏实地地积极行动才能换来成功的果实。

要想秋天有收成，必须在春天就播种。要想获得机会，总是要事先努力付出。所以，渴望成功的我们，当我们梦想有一天获得无数鲜花、掌声和财富的时候，请先静下心来，在面前的土壤里播种、施肥，只有这样，美丽的花朵才会在我们的生命中盛开。

很多人抱怨机遇太少或没有机遇。他们坐等机遇，强调客观原因，而不从自身找答案。这就是他们"错失"机遇的原因。其实，机会不是等来的，机会是人们创造的，机会会永远垂爱那些时刻准备的人。所以只要我们有一定能力，机会总会来的。如果我们不时刻准备着，即使机会来了，我们也不知道什么是机会。不能只是傻傻地等，一定要靠头脑去准备，去创造机遇。坐等机会是低情商愚者的表现。一个真正抓住机遇的人，会在机遇来临之前做好全方位的准备，只有自己具备了迎接机遇的实力，才会吃到"天上的馅饼"，"肚子"饱了，成功也会慢慢到来。所以，我们不要做一个等待的人，要做一个积极行动的人。

梭罗说："生命很快就过去了，一个时机从不会出现两次，必须当机立断，不然就永远别要。"能否抓住机遇是一个人平庸或者卓越的分水岭。决定一个人成败的不是才华，也不是性格，而是他能否积极、理性地行动，是否有善于抓住机遇的能力。

千万不要被困难吓倒，行动可以使我们变得坚强，使我们一步步提高。过去的失败不算什么，重要的是从失败中学习。找出自己内心真正的渴望，找出自己的目标，而后，义无反顾地完成它。不要逃避，不要放弃，要始终如一，坚守目标。要把一切艰难挫折当作使自己更强大、更坚定的机会。心动不如行动，希望什么，就主动去争取。只要我们动了起来，就一定有所收获，如果我们坐着不动的话，就会一无所获。

有一位幽默大师曾说："每天最大的困难是离开温暖的被窝走到冰冷的房间。"他说得不错，当我们躺在床上认为起床是件不愉快的事时，它就真的变成一件困难的事了。就是这么简单的起床动作，即把棉被掀开，同时把脚伸到地上的自动反应，都足以击退我们的恐惧。凡成功者都不会等到精神好时才去做事，而是督促自己去做事，马上行动，不把问题留到最后。

其实，不管是什么事情，最好的行动时机就是现在。今天的想法就由今天来决断，因为明天还有明天的事情、想法和愿望。但是，生活中就有那么一些人，在做事的过

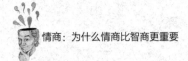

程中养成了拖延的习惯，今天的事情不做完，非得留到以后去做。其实，把今日的事情拖到明日去做，是不划算的。有些事情当初做会感到快乐、有趣，如果拖延几个星期再去做，便会感到痛苦、艰辛。而且，时下的经济形势也不容许我们做事拖沓，如果我们把一切事情都拖到明天来完成，那么很快我们就会在工作中被淘汰。所以说，只有行动才能让计划变成现实。

成功似乎遥不可及，也许我们已经被远大的目标所累，倦怠和不自信使我们一味地感叹或埋怨未来的渺茫，从而放弃努力，在哀叹中虚度光阴。其实，我们不必畏惧遥不可及的未来，只要想着此时此刻该做什么就可以了。一步一个脚印地把眼前的事情做好，就像时钟一样，每秒嘀嗒摆一下，成功的喜悦就会在不知不觉中浸润我们的生命。

学会变通，过睿智生活

这个世界，这个社会，每天都在变化，我们每个人身处的环境也每天在改变。如果不懂得变通，那么我们就很难适应这个"变"的世界。

变通是一种智慧，在善于变通的世界里，不存在困难这样的字眼。再顽固的荆棘，也会被高情商的人用变通的方法拔起。他们相信，凡事必有方法去解决，而且能够解决得很完善。

看看我们的身边：有人日出而作，夜深而息，一天甚至埋头苦干十一二个小时。但结局呢？一生平庸，碌碌无为。有人却深谙变通的奥妙，他们不用日复一日、年复一年地辛苦劳作也能够大有作为，因为在他们的心里总认为会有更简单、更轻松、更快捷的方法。

会变通的人，不愿意走别人走过的路，总想开辟一条新途径，寻找新的机遇，即使路上是荆棘丛生；会变通的人从不循规蹈矩，对墨守成规的人嗤之以鼻；会变通的人往往放荡不羁，喜欢标新立异、独辟蹊径，以新的方法去干老的工作；会变通的人具有独立性，他们具有独立工作的能力，有时喜欢独处，往往与大多数人的意见不一致，而对自己的信念和愿望则往往固执己见。

美国一位著名的商业人士在总结自己的成功经验时说，他的成功就在于其善于变通，他能根据不同的困难，采取不同的方法，最终克服困难。对于善于变通的人来说，世界上不存在困难，只存在暂时还没想到的方法。

现实生活中许多人常抱有这样一种想法，认为自己虽然遇上了许多困难，但这时只要坚持一下，成功往往就会到来。这个看法并没有错，问题在于，如果你所选择的道路本身就存在着一些难以克服的问题，这个时候就不应该再坚持下去，应该懂得变通。

伟大的科学家牛顿早年曾是永动机的追随者。在进行了大量失败的实验之后，牛顿很失望，但他很明智地退出了对永动机的研究，在力学研究中投入更大的精力。最

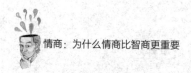

终，许多永动机的研究者默默而终，牛顿却因摆脱了无谓的研究，而在其他方面脱颖而出。

在做一些没有胜算和科学根据的事情时，应该见好就收，知难而退。走错了路赶紧回头，检查其原因，调整原来的方向，从而突破桎梏，延伸视野，拓展新的思考空间。一个人要想获得事业上的成功，首先要有目标，这是人生的起点。没有目标，就没有动力，但这个目标必须是合理的，即是合乎实际情况和客观规律的、合乎社会道德的，是一个可以实现的目标。如果不是，那么即使你再有本事，付出千百倍努力，也不会获得成功。成大事者和平庸者的根本区别之一就在于他们是否在遇到困难时理智对待，主动寻找解决的方法。只有敢去挑战，引爆杰出的头脑，才能在困境中突围而出。

当我们走在路上，眼看就要到达目的地了，这时车前突然出现一块警示牌，上书四个大字：此路不通！这时大家会怎么办？有的人选择仍走这条路过去，大有不撞南墙不回头之势。结果可想而知，已言明"此路不通"，那个人只能在碰了钉子后灰溜溜地掉转车头，原路返回。这种人在工作中常常因"一根筋"思想而多次碰壁，消耗了时间和体能，结果却做了许多无用功。有的人选择驻足观望，不再向前走因为"此路不通"，却也不掉头。

还有另一类人，他们会毫不犹豫地掉转车头，去寻找另外一条路。也许会再次碰壁，但他们仍会不断地进行尝试，直到找到那条可以到达目的地的路。这种人是工作中真正的勇者与智者，他们懂得用变通的手法创造性地完成任务，并且往往能够取得不错的业绩。"此路不通"就换条路，"这个方法不行"就换个方法。

　　爱迪生有位叫阿普顿的助手，出身名门，是大学的高才生。在那个门第观念很重的年代，阿普顿对小时候以卖报为生、自学成才的爱迪生很有些不以为然。

　　一天，爱迪生安排他做一个计算梨形灯泡容积的工作，他一会儿拿标尺测量、一会儿用笔计算。几个小时后，爱迪生进来了，问阿普顿是否已计算好，满头大汗的阿普顿忙说："快好了，就快好了。"爱迪生看到稿纸上复杂的公式明白了怎么回事。于是，他拿起灯泡，倒满水，递给阿普顿说："你去把灯泡里的水倒入量杯，就会得出我们所需要的答案。"

　　显然，阿普顿的观念陷入了一种固着状态，不懂得用变通的方法解决遇到的实际问题。生活中也常常会碰到这样的人，他们固守着自己原有的观念，而不想有丝毫的改变。自然，他们在遇到问题时也不懂得找方法，使得工作常常碰壁，问题也往往处理得不尽如人意。

　　实际上，在观念决定一切的今天，只需将观念做一点小小的改变，就可以得出解决问题的方法，让我们积极而

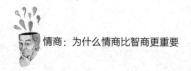

理性地去行动，拥有不一样的结果。换一种观念，我们得到的将是更广阔的天空。

在反省中不断成熟

所谓反省就是反过来省察自己，检讨自己的言行，看有没有需要改进的地方。为什么要反省？因为人不是完美的，总存在着个性上的缺陷、智慧的不足，而年轻人更缺乏社会磨炼，因此常会说错话、做错事、得罪人。我们所做的一切，有时候旁人会提醒自己，但绝大部分人看到我们做错事、说错话、得罪人时会袖手旁观，因此，我们必须通过反省才能了解自己的所作所为。

时常有人说："讨厌死自己的性格了！""自己怎么这么笨！""我长得太矮了！"类似的声音不绝于耳。但不要误把这些声音当成自己在反省，反省是先要接受自己的缺点，承认自己的错误，再去弥补自己的缺点，改正自己的错误。

追求事物的完美是每一个人的特性。然而，世界上根本就不存在任何一个完美的事物。一味地追求完美只能让我们错过更多本已精彩的画面，还会在追寻完美的过程中迷失自己的路。其实真正的完美就是一种进步，一种在反省、认知错误的进步。

这世上，每个人都有失足、犯错的时候。要知道，生活是最严厉的老师，与学校书本教育的方式完全不同。生活的教育方式是我们得先犯错，再从中吸取教训。大多数人由于不知道从错误中悟出道理，因此只是一味地逃避错误，殊不知，这种行为本身已铸成大错，还有一些人犯了错误却没能从中吸取教训。这些都是为什么有如此多的人总是循环往复地犯着自己曾经犯过的错误。所以，我们要学会反省，要能够从错误中吸取教训。知道自己错了，如果能勇于承担，那么我们还有挽回的余地。虽然这并不容易，需要很大的勇气，但这是唯一不让错误变得更为严重的做法。

每个人在前进的道路上都难免磕磕碰碰，只要再遇见相同的问题时，能够汲取上次的教训，那么我们就是好样的，而上一次所受的苦、花费的精力也都是有价值的。

失败并不可怕，问题是我们能不能善待失败，能不能进行正确的反思。只要找到上次失败的原因，我们就等于找到了下一次成功的钥匙。如果我们能够善于自我反省，然后总结失败的教训和成功的经验，把它们化作成功的垫脚石，那么成功就在前方不远处等着我们！反省是一面镜子，它可以照见我们心灵上的污点。

除了反省自身让自己进步，我们还可以通过观察身边的人的行为，进而反省生活，让自己变得更加成熟。在对待他人的时候，要以积极欣赏的眼光去看待，这样我们才能更容易看到他人身上的优点，更能洞察到他人的内心所向。学习别人的长处和在别人的缺点上发现自己的不足，

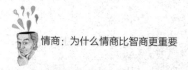

都能够帮助我们取得巨大的进步。

一般来说，自省心强的人都非常了解自己的优劣之处，因为他常常检视自己。这种检视也叫作"自我观照"，其实质也就是跳出自己的身体之外，从外面重新观看审察自己的所作所为是否是最佳的选择，这样做就可以真切地了解自己了。但审视自己时必须是坦率无私的，能够时时审视自己的人，常常考虑：我到底有多少力量？我能干多少事？我该干什么？我的缺点在哪里？为什么失败了或成功了？这样做就能轻而易举地找出自己的优点和缺点，为以后的行动打下基础。

一位教授曾经说："如果我对一件事情的处理方法不奏效，那么我相信我必定还有许多东西还未学会。可能我需要求助于别人，或是事情的后续发展会告诉我如何解决。不管如何，我首先须承认自己的错误，然后才能找到答案。"的确，懂得反省的人，才有自我超越的可能。

曾有人这样抱怨说："我每天都在拼命地工作、工作，我一刻也没闲过，可如此努力为什么却总是不能成功？"正如成功多是内因起作用一样，失败也多是自己的缺点引起的。一个人必须懂得不断反省和总结自己，改正自己的错误，才不会老在原处打转或再次被同一块石头绊倒；人只有通过"反省"，时时检讨自己，让自己走向成熟，才可以走出失败的怪圈，走向成功的彼岸。

用好生活的"加减法"

人生是一种自我经营的过程，要经营就需要面对选择和放弃，形象地说，人生离不开加法和减法。当一个人需要丰富自己的时候就要适当地学会加法，这样才能使自己在社会上立足，在生活里快乐；而当一个人在生活或学习中，自己觉得不堪重负的时候，应当学会做一下"减法"，减去自己一些不需要的东西，有时候简单一点，人生反而会觉得更踏实、更快乐一些。

如果快乐能够测度，则大部分的快乐都发生在很少的时间内，而这种现象在多数的情况里都会出现，不论这时间是以天、星期、月、年或一生为单位来度量。用80 / 20法则来表述就是，80％的成就是在20％的时间内达到的；反过来说，剩余的80％时间，只创造了20％的价值。一生中80％的快乐，发生在20％的时间里；也就是说，另外80％的时间，只有20％的快乐。

如果承认上述假设，也就是上述假设对我们而言属实的话，那么我们将得到以下令人惊讶的结论：

第一，我们所做的事情中，大部分是低价值的事情。

第二，我们所有的时间里，有一小部分时间比其余的多数时间更有价值。

第三，若我们想对此采取对策，我们就应该彻底行

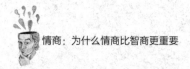

动。只是修修补补或只做小幅度改善，没有意义。

第四，如果我们好好利用20％的时间，将会发现，这20％是用之不竭的。所以，在我们有生之年要学会加大快乐，减少痛苦，让自己在充实中快乐，快乐中满足。

在社会上，人们不论对物质还是精神，历来提倡不懈地去追求、去得到、去积累，只有用加法积累起的人生才会富有。所谓人各有志，只要不违法，手段正当，不损害别人，符合道德伦理，追求任何东西都是合理的。比如，有的人勤奋工作，奋力拼搏为的是升职；有的人风里来雨里去，吃尽苦头，为的是增加手中的财富；有的人废寝忘食、发奋读书是为了增加知识；有的人刻苦研究艺术，为的是增加自己的文化品位；有的人全身心投入到社会实践中，为的是增加才能……只要能够丰富自己的生活，让自己快乐的事情都值得我们去做加法，这20％的时间就会更有质地。但是这些追求如果失去实质应用意义的获得就会变成拥塞、愁闷和负担，对照起来，我们不妨学学吉姆·特纳的生存智慧：用好人生的减法！

拥有30多亿美元资产的美国莱斯勒石油公司有了新的继承人，他就是40岁的吉姆·特纳。人们都以为新上任的吉姆·特纳会大干一番，然而他却组建起一个评估团，对公司资产以50年做基数进行了全面盘点后，在资财总和中先减去自己和全家所需、社会应酬的费用，再减去应付的银行利息、公司硬性支出、生产投资等，最终发现还剩8000万美元。

于是，他毫不犹豫地从这笔钱中拿出3000万美元，为家乡建起一所大学，余下的全部捐给了美国社会福利基金会。人们对他的举动大惑不解，他说："这笔钱对我已没有实质意义，减去它就是减去了我生命中的负担。"

在莱斯勒石油公司员工的印象中，永远看不到吉姆·特纳愁眉苦脸的时候。即使发生加勒比海海啸，给公司的油井造成1亿多美元损失，吉姆·特纳在董事会上依然谈笑风生，他说："纵然减去1亿美元，我还是比你们富有十倍，我就有多于你们十倍的快乐。"他的一个孩子在车祸中不幸身亡，他说："我有五个孩子，减去一个痛苦，还有四个幸福。"

乐观开朗的吉姆·特纳活到85岁时，悄然谢世，他在自己的墓碑上给自己留下这样一行字："我最欣慰的是用好了人生的减法！"

学会在生活学习中做加减法，让生活尽量简单，让学习尽量快乐。不要做加法，事情就不会复杂了，千头万绪会是件很累人的事情，简单就是幸福。

就拿我们的生活必需品——金钱来说，在人的一生中，金钱并不是最重要的东西，不要把金钱看得太重。人

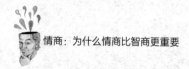

一定不能因为想要迫切改变现状而被金钱欲冲昏了头脑。对待金钱，人们既要热爱它，但又必须冷静地对待它。就像翁纳西斯说的："人们不应该追着金钱跑，而要迎面向它走去。"金钱并不是人生中最重要的东西，我们要掌握金钱，而不能让金钱掌握我们，不能为金钱所累。

学会生活的加法，让我们充实与完善，学会生活的减法，我们就会多一些时间，多一些好心情，甚至多一个梦想。学会生活的加法，我们可以有更多的知识与能力来创造更多的价值。学会生活的减法，我们可以多和自己的家人在一起，读自己喜欢的书，听自己喜欢的音乐，享受自由自在的多姿多彩的快乐生活。

第五章

识人情商：别让看不透人害了你

了解别人的第一步：移情

所谓移情，顾名思义，就是转移我们的感情，对问题要进行换位思考，不能只以自己的经验来解决问题。也就是说，我们需要将自己摆放在对方的位置，用对方的视角看待世界。懂得换位，知道他人所思、所想、所感，是一个人拥有高情商的表现。

人们常说，良好的沟通是心与心的沟通，其实"移情"换位又何尝不是心与心的交流、心与心的沟通呢？生活中那些"善解人意"的人往往受到大家的喜爱和尊敬，原因就是他们能够做到"移情"换位，用别人的眼光来想问题、看世界，以别人的心境来体会生活，做到真正了解对方，这样便拉近了人与人之间的距离。

每个人天生都会有一定程度的体察他人情感的敏感性。一个人如果没有这种敏感性，就会产生情感失聪。这种失聪会使他在社交场合不能与其他人和谐相处，或是误

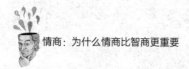

解别人的情绪，或是说话不考虑时间场合，或是对别人的感受无动于衷。所有这些，都将破坏人际关系。

斯特准备招待几个朋友。当他拉开汽车车门时，由于用力过度，车门坏了。他流下了眼泪。这时，他的朋友正好赶来，便上前劝他。

第一个朋友道："唉，车门又值不了多少钱，再去买一扇不就行了！又何必哭得如此伤心呢？"

第二个朋友道："我建议你到法院去，控告制造这汽车的厂商，请求赔偿。反正官司打输了，也不用你付钱啊！"

第三个朋友道："你能够将这车门给弄坏，像你这么强的臂力，我连羡慕都还来不及呢？你又有什么好哭的啊？"

第四个朋友道："不用担心，大家一起来研究看看，一定有什么东西，可以将车门装好，我们一定可以找到方法的！"

"你们所说的这些，都不是我要哭的原因。真正的重点是，我明天非得要花费几个小时，才可以修好车，这样就不能带大家一起出去兜风了……"

每个人都有自己既定的习惯和立场，容易忘却他人的想法。我们没有必要把自己的想法强加给别人，但是却必须学会从他人的角度思考问题。记住：在人际交往中，千万不要以自我为中心而完全不顾他人的颜面、立场，如果将自己的价值标准强加在别人的头上，轻则得到的是不和谐的人际关系，重者可能使自己头破血流、一无所获。

以心换心的方式与人交往，甚至是自己的亲人也要站在对方的角度去感受，这样才可以真正地了解到对方。大凡成功的人，都是这样运用不同的方法去观察、研究、了解他所要影响的一些人，然后反过来按照他们的心理需求去达到自己的目的。然而在移情的过程中还需要看准对方的身份再移情，先看准这个再移情方能产生巨大的能量。

在美国经济大萧条时期，有一位17岁的姑娘好不容易才找到一份在高级珠宝店当售货员的工作。圣诞节的前一天，店里来了一位30岁左右的贫民顾客。

姑娘要去接电话，一不小心，把一个碟子碰翻，六枚精美绝伦的金戒指落到地上，她慌忙捡起其中的五枚，但第六枚怎么也找不着。这时，她看到那个30岁左右的男子正向门口走去，顿时，她醒悟到了戒指在哪儿。

当男子的手将要触及门柄时，姑娘柔声叫道："对不起，先生！"那男子转过身来，两人相视无言，足足有1分钟。"什么事？"姑娘一时竟不知说些什么。"先生，这是我第一份工作，

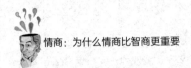

现在找个工作很难，是不是？"男子长久地审视着她，终于，一丝柔和的微笑浮现在他脸上。"是的，的确如此。"他回答，"但是我想，您在这里会干得不错。"停了一下，他向前一步，伸手与她相握，"我可以为您祝福吗？"他转过身，慢慢走向门口。姑娘目送他的身影消失在门外，转身走向柜台，把手中握着的那枚金戒指放回了原处。

这位姑娘成功地要回了男子偷拾的第六枚金戒指的关键，是站在对方的角度考虑问题，并且成功引导对方移情到自己的处境，求助于对方，最终达成自己的目标。

沟通大师吉拉德说："当你认为别人的感受和你自己的一样重要时，才会出现融洽的气氛。"我们需要多从他人的角度考虑问题，如果对方觉得自己受到重视和赞赏，就会持合作的态度。如果我们只强调自己的感受，别人就不会与我们交往。因为一旦缺少移情，得出的结论特别容易带有偏见，过于武断地想当然肯定会使问题越演越糟。

时常有些人抱怨自己不被他人理解，其实，换个角度可能别人也有同样的感受。当我们希望获得他人的理解，想到"他怎么就不能站在我的角度想一想呢"时，我们也可以尝试自己先主动站在对方的角度思考，也许会得到一种意想不到的答案，许多矛盾误会等也会迎刃而解。

破解对方的表情语言

在人类的心理活动中，表情最能反映情绪的变化。表情是反映一个人态度、情绪和动机等心理因素的基本线索和外在表现形式，通过对一个人面部表情的观察和分析，可以了解其内心的欲望、意图和状态，借此即可形成对他的认知。而能掌握这一技术的人往往就是高情商的人。

看过川剧的变脸戏法，就知道原来脸上的装饰可以通过一些小技巧来改变，让一张脸变得生动丰富起来。而生活中，人们的表情，实际上也可以在几秒钟之内变换，原本明显的情绪，经过细心的遮掩，也会变得细微。不过，再复杂的表情，也逃不过善于观察的眼睛，只要我们多留意，一样能捕捉到表情后面真实的含义。

人类具有丰富的面部表情，它是反映人们身心状态的一种客观指标，例如"喜气洋洋""气势汹汹""愁眉苦脸""眉开眼笑"等都是表示人们喜怒哀乐的表情。可以说，人的面部是人体语言的"稠密区"。曾有学者估计，人脸可以做出25万多种不同的表情，这一估计似乎太过惊人，但一般心理学家都认为，人的面部表情变化会在2万种以上。

狄德罗曾说："一个人，他心灵的每一个活动都表现在他的脸上，刻画得非常清晰和明显。"这句话提示了人

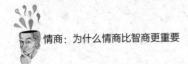

类表情的重要性。因为现实中，语言的表达远不及人们的表情丰富和深刻。

作家托尔斯泰曾经描写过85种不同的眼神和97种不同的笑容。可以说，人类的面部是最富表现力的部位，它能表达复杂的多种信息，如愉快、冷漠、惊奇、诱惑、恐惧、愤怒、悲伤、厌恶、轻蔑、迷惑不解、刚毅果断等。而面部表情也能传播比其他媒介更准确的情感信息。

表情能够清晰、直接地表达人们的内心想法。当我们在与他人交往时，不管是不是面对面谈话，还是隔着电话在交谈，都会下意识地表达自己的情绪，而这些情绪都会表现在自己的脸上。所以，当我们与别人相处时，仔细观察一个人的表情，我们就可以探听出他的心理活动。

有一位哈佛心理学教授说：在几乎所有的生物中，人的表情是最丰富，也是最复杂的，一个人的表情可以流露出其在当时的情绪变化状况。在高明的观察者看来，每个人的脸上都挂着一张反映自己生理和精神状况的"海报"。

有时候，我们会看到一些人不管别人说了什么，或者是做了什么，他们都能够保持表情不变，就是我们常说的"面瘫"的人，看上去他们的脸上并没有表情。其实，无表情并不等于没有感情，很多时候，脸上越没有表情的人，他的内心感情反而越冲动。所以，我们要想读懂对方的真正感情，就要仔细观察，用心判断。那么，我们如何从一个人的表情来判断其当时的情绪变化呢？如下这些"脸语"是比较容易读懂的。

（1）蹙眉皱额表示关怀、专注、不满、愤怒或受到挫折等情绪。

（2）双眉上扬、双目张大，可能是表现惊奇、惊讶的神情。

（3）皱鼻，一般表示不高兴、遇到麻烦、不满等。

（4）嘴角拉向后方，面颊往上抬，眉毛平舒，眼睛变小等则是愉快的表现。

（5）嘴角下垂，面颊往下拉，变得细长，眉毛深锁，皱成"倒八字"等是不愉快的情绪表现。

人的表情非常丰富，它能全方位地表现人们的心情。问题是，面对如此丰富的表情，要去辨别该从何着手？

1. 表情变化的时间

观察表情变化时间的长短是一种辨别情绪的方法。每个表情都有起始时间（表情开始时所花的时间）、表情停顿的时间和消逝的时间（表情消失时所花的时间）。通常，表情的起始时间和消逝时间难以找到固定的标准，要判断一个人的情绪真假，从细微的表情中也能发现痕迹，只是需要人们不断地进行细微的观察，这样才能准确地掌握表情变化的时间。

2. 变化的面部颜色

通常，人的面部颜色会随着内心的转变而变化，这样，表情就有不同的意义了。因为面部的肤色变化是由自主神经系统造成的，是难以控制和掩饰的。在生活中，面部颜色变化常见的是变红或者变白。

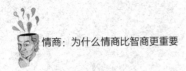

一般情况下，人们在害羞、羞愧或尴尬等情形下，脸色会变红；在感到极度愤怒时，面颊则瞬时转为通红。面色发白可能是人们承受了巨大的痛苦和压力，或者感到非常惊骇、恐惧等。

破解对方的手部语言

人的手上有27块小骨头，这些骨头通过一个网络状的韧带结构相互连接，依靠肌肉的拉伸来完成关节的各种活动。基于生理上的协调活动，人类的双手与大脑之间的神经关联十分紧密，所以每个指头上的细微动作，都将精确地反映出每个人的内心活动。对于很多潜意识，当本人还没有觉察到时，已经传导到手部，让我们的手指动了起来。

例如，在说话的时候，对方不自主地将双手藏起来，那就说明他心有隐藏，在隐瞒一些谈论中关键的信息。而如果双手不停地摆弄东西，或者手指不停地动，指甲断裂等这些都说明了行动者的烦躁，心理有较大的压力。尽管很多时候，言语中也会表现出这样的骚动，但人们无意识的动作，会将其表现得更明显。有些时候，这些举动也意味着涌动的愤怒。

实际上，手部动作在给人以深刻的印象时，还会通过肯定的语气来对说话者产生一种暗示的作用，最终真的为说话者增强了信心。其实手本身就传递着各种信息，每个人的手有很多不同之处，每双手都蕴含着不同的意义，下面就让我们看一下吧。

1. 修长、柔软的手

双手天然的修长、柔软，是最有魅力的。它代表主人高贵的气质。拥有这样一双手的人，多会对家庭和事业都有较大的投入。他们对待工作热情有余，毅力不足，因热衷于追求成功，往往承受不了失败的打击。

2. 肥胖的手

胖乎乎的手常给人以可爱、诚实、信赖的感觉。手的主人也会给他人留下踏实、可靠的印象。不过，实际上这类人性情相对比较保守，他们多数表现出对传统的热爱，喜欢听古典音乐和早期的爵士乐，对热门劲歌则不感兴趣。为了保持内心和生活的宁静，他们通常拒绝接受流行的东西，嗜好也不多。

3. 玉器般的手

"美人如玉"的传说是让众人都心动的，当你握着一双拥有玉器般质地的手时，定然会为它所折服。拥有这样一双手的人，具有极好的审美天分。他们拥有的衣物和首饰贵、精而不多，且对搭配有着天生的直觉。追求完美的个性，让他们不会随便追求别人或接受别人追求。只有在双方内在外在都非常契合的情况下，才会考虑相互发展。

手指在不同的放置情况下有着不同的含义，它们的存在就像人类其他行为一样平常，但其真实的内涵却并不寻常。所以，我们还可以根据我们交谈时，对方手部的动作

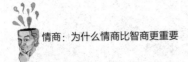

判别对方是什么样的人或者当时对方的真实心态。下面举一些例子说明一下。

1.手放在臀部站立

此类人多为性子较急的人，他们希望事情能迅速解决，不要拖延，比较浮躁、不踏实。

2.双手的关节掰得嘎嘎作响

此类人脾气暴躁，易怒，做事容易紧张，坐立不安，心理承受能力不强。同时，他们的自我表现欲很强烈。这类人通常心直口快，古道热肠，较好打交道。

3.谈话时，将右手放在身前，做空中轻握动作

这种动作是指利用拇指尖和其他手指的指尖碰在一起，形成一个完整的动作。它多为演说家所采用，用来反映说话者的思维逻辑清晰、重点突出。

4.谈话时，在空中做展开双手的动作

做这类动作的人，手指并拢，手掌在空中微微上翘，全部摊开。当其掌心向上，朝着胸部的时候，反映出说话者有一种想接纳某种思想，囊括各种观点，或者暗示性地将他人拉近自己的意图。掌心向下，则有头脑冷静，克制自己情绪的意思。

5.谈话时，双手手心向外摊开

当某人在表达自己的意见时很坦诚，那么，他的双手通常是手心向外摊开的。这说明了此人对谈话的坦诚和对他人的真挚，是接受别人意见的手势。不过，常使用这种动作的人也非常容易受外界的影响。

我们的每一根手指都具有自己的语言。它不但有情绪，而且情绪还很多，手除了能让人们灵活地抓举东西，也同样细腻地刻画了我们的情绪，所以，我们在了解别人的时候，可以通过观察对方手部的状态来了解对方，这是一个不错的方法。

破解对方的眼部语言

人们常说"眼睛是心灵的窗户"，在面部表情中眼睛是重要的认知线索，人的各种感情都会从眼睛的微妙变化中反映出来。我们通常所说的眼睛变化实际上是指瞳孔的变化，即瞳孔的扩大和缩小。研究表明，人的瞳孔是根据他的感情、态度和情绪变化而自动发生变化的。达尔文、赫斯等人也曾做过专门研究，结果表明，人的瞳孔变化是中枢神经系统活动的标志，即瞳孔变化如实地反映了大脑正在进行的思维活动。

在人类语言文化中，对眼睛进行描述的词语非常多，例如，"炯炯有神的大眼睛""婴儿般纯真的眼睛""贼溜溜的眼睛""色眯眯的眼睛""魅力十足的眼睛""冷冰冰的眼睛""邪恶而狡黠的眼睛""惊恐的眼睛"等。这些丰富的词语，足以证明，在日常生活中，眼睛是人们最为关注的器官。

爱默生曾对眼睛做过这样的描述："人的眼睛和舌头

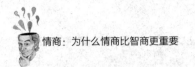

所说的话一样多，不需要词典，却能够从眼睛的语言中了解整个世界，这是它的好处。"眼睛被誉为人"心灵的窗户"，这表明它具有反映人的深层心理的功能，其动作、神情、状态是情感最明确的表现。

交谈中，眼睛在流露什么情感？既然眼睛能映射出人内心的感受，那我们是否能在见到对方的眼睛时，敏锐地捕捉到他在传播的情感？

（1）交谈时，对方视线接触我们脸部的时间在正常情况下应占全部谈话时间的30%～60%，如超过这一平均值，可以认为对方对我们本人比对谈话内容更感兴趣。比如，一对情侣在讲话时总是互相凝视对方的脸部。若低于此平均值，则表示对方对谈话内容和我们本人都不怎么感兴趣。

（2）对方倾听我们说话时，几乎不看我们，那是企图掩饰什么的表现。据说，海关的检查人员在检查已填好的报关表格时，他通常会再问一句："还有什么东西要呈报没有？"这时多数检查人员的眼睛不是看着报关表格或其他什么东西，而是盯着来人的眼睛，如果我们不敢坦然正视检查人员的眼睛，那就表明我们在某些方面有不够老实的地方。

（3）眼睛闪烁不一定是反常的举动，通常被视为用来掩饰的手段或性格上的不诚实。一个做事虚伪或者当场撒谎的人，其眼睛常常闪烁不定。

（4）在1秒钟之内连续眨眼几次，这是神情活跃，对某事件感兴趣的表现；有时也可以理解为由于个性怯懦或羞涩，不敢正眼直视而做出不停眨眼的动作。在正常情况下，一般人每分钟眨眼5～8次，每次眨眼不超过1秒钟。时间超过1秒钟的眨眼表示厌烦、不感兴趣，或显示自己比我们优越，有藐视我们和不屑一顾的意思。

社交场合，人们眼神的相互反应中，"注视"是较为常见的一种。从发出动作者的角度来说，注视是一种积极的行为，具有试图判断对象的意思，通常目光的焦点涵盖了对象的所有部分。但是从承受者来说，某些人的注视会让他感到舒服愉快，有些人的注视则会让他感到惶恐不安。因为，不同的注视，强烈地表达了不同的情感。

1.受到吸引，对我们有好感

英国学者迈克尔·阿盖尔先生发现，在两个人交谈时，如果彼此很喜欢，那么就会一直看着对方。利用注视的目光会让对方体会到彼此的好感，若他做出同样的回应，则他也可能喜欢我们。在大部分文化背景下，如果想和其他人建立起和善友好的关系，人们都会使用同样的方法，在谈话时向对方投以注视的目光，而这种做法一般都能让交谈对象对我们产生好感。

2.怀有敌意，对我们有挑衅的意思

过长时间的注视，是被人们认为是挑衅或者失礼的行为。尤其是在日本和一些南美国家，如果长时间盯着对方的眼睛，将会招致不必要的麻烦。因此，在考虑礼貌和各地区的社会文化背景的前提下，如果对方没有根据我们谈

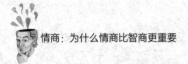

话时的目光来进行同样的回馈，注视的时间过长，我们就有理由怀疑他对我们怀有敌意。

破解对方的穿戴语言

西方有句俗话，"你就是你所穿的"。因为，服装除了能帮助人们驱寒蔽体，也是展现自己风姿和特色的媒介。它能够向他人无声地传递我们的社会地位、个性、职业、教养等信息。所以，任何人都不应小看衣装的作用，它甚至能帮助人们更好地融入社会当中，我们也可以从中了解对方是什么样的人。

行为学家曾说：服饰是人类文明多彩发展的产物，并逐渐形成了一种特有的文化。它不仅能以外在形式表现主人的风采，也可以披露主人的内心世界。一般说来，习惯穿简单朴素衣服的人，性格比较沉着、稳重，为人较真诚和热情。这种人在工作、学习和生活当中，对任何一件事情都比较踏实、肯干，勤奋好学，评判事情客观、理智。这种人的缺点是缺乏主体意识，软弱且易服从于别人。

在美国一次形象设计的调查中，76%的人根据外表判断人，60%的人认为外表和服装反映了一个人的社会地位。毫无疑问，服装在视觉上传递出你所属的社会阶层的信息，它也能够帮助人们建立自己的社会地位。在大部分社交场所，你要想使自己看起来就属于这个阶层的人，就必须穿得像这个阶层的人。正因如此，很多豪华高贵的国际品牌的服装，虽然价格高得惊人，却不乏出手不眨眼的消费者。

一个人的仪表包括容貌、风度、服饰、发型等直观的特征。其中有些特征受先天遗传影响，有些特征是后天形成的习惯，在较大程度上与人的经济状况、文化熏陶、个性特征等相关。一个人的仪表可以给观察者提供大量的信息，例如从面容可以推断其年龄、从戒指佩戴的位置可以推断其婚姻状态、从服饰的档次可以推断其经济状况等。人们在对他人的仪表进行观察时总是倾向于美好的东西。仪表堂堂、风度翩翩、衣着整洁，会给人留下好的印象，而相貌丑陋、蓬头垢面、衣衫不整，会给人留下不好的印象。

著名影星索菲亚·罗兰说："你的服饰往往表明你是哪一类人物，它们代表着你的个性。一个与你会面的人往往自觉不自觉地根据你的衣着来判断你的为人。"行为学家迈克尔·阿盖尔做过实验，他本人以不同的打扮出现在同一地点。当他身穿西服以绅士模样出现时，无论是向他问路或问时间的人大多彬彬有礼，而且看来基本上是绅士阶层的人；当他打扮成无业游民时，接近他的多半是流浪汉，或是来对火抽烟，或是借钱、借烟。

总之，人的服饰、发型等仪表特征为知觉一个人的年龄、职业、角色与身份提供了信息，并部分地反映出一个人的动机、性格等特征，在初次接触时，给人以鲜明的印

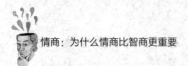

象。我们也可以从对方佩戴的饰品，了解到对方是什么样的人。

1.喜欢手镯的人

一个人选择什么样的饰物装饰自己，也就是在选择增添怎样的个性化特征。喜欢佩戴手镯的人，一般都是有活力、朝气、精力充沛的人。若是佩戴华丽的时尚手镯，则是潮流先锋的领头人，对时尚的东西非常敏感。

2.喜欢搭配胸针的人

这样的人讲究穿着，重视服装的整洁和搭配，在衣服上通常会别上一枚精致的胸针，会用精巧的装饰点缀整个人的气质。是高雅而不失灵活的人。所以他们非常重视自己在他人心中的形象，希望能时刻引起他人的关注。

3.喜欢为服饰搭配珠宝的人

这类人一般用珠宝来点缀服装，并不是想突出自己的个性。他们重视整体造型多过凸显首饰，希望能完成一种完美和谐的搭配。他们通常是完美主义者，凡事追求完美，但自我表现的欲望不强，更希望能积极地融入周围的氛围，与他人打成一片。

4.喜欢民族风情饰品的人

他们选择的饰品多具有民族特色，对每个民族的服饰都充满浓厚的兴趣。这样的人一般个性鲜明，好奇心强，善于思考，对民族和传统习俗非常感兴趣。他们思维敏捷，但不盲从于主流，喜欢独立思考，常常对事物发表独特的见解和看法。

5. 平常喜欢佩戴珠宝的人

这类人很注意自己的形象和生活的质量，会时常用不同的珠宝首饰来改善心情，获得一种高雅的感觉。但如果喜欢佩戴体积大、坠多、灿烂醒目的珠宝，说明他们喜欢在人前招摇和卖弄，喜欢吸引别人的目光，也常常能成为众人的焦点。

破解对方的性格语言

无论是在工作还是在生活中，性格都起着决定性的作用，想要了解别人，就需要知道对方的性格。

现代心理学的鼻祖之一，瑞士著名心理学家、精神分析学家卡尔·古斯塔夫·荣格在前人学说的基础上进一步研究，把性格分为外向型和内向型。外向型性格分为外向思维型、外向情感型、外向感觉型、外向直觉型四类，其直觉表现为：喜欢竞争，具有冒险精神，喜欢接受各种各样的挑战，直言不讳，不喜欢拐弯抹角，等等。内向性格分为内向思维型、内向情感型、内向感觉型、内向直觉型四类，直觉表现为：会不断地思索一个问题，直到找出答案为止，不喜欢为重大的决策负责，当别人诉说自己的困难时，是个好倾听者等。这就需要我们在与人相处时注意了解对方的性格，用让他们舒适的方式跟他们交往。那么，我们该如何识别对方的性格呢？我们可以根据色彩心

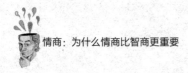

理学的理论来观察对方，识别对方的性格色彩。

1.绿色性格

在色彩心理学家看来，一个人性情平和、善于克制，那么，这个人就具有绿色性格。这种人内心非常平静，很少会焦虑不安或感觉到忧愁，他们充满希望和乐观精神，相信所有的事都能更加美好，与他们相处，仿佛身处绿色的原野，被清新宁和的气场包围，分外舒服安心。

2.红色性格

如果一个人性格外向、活泼好动，那么这个人就属于红色性格。红色是热烈、冲动的色彩，这类人如跳动的火焰般总是充满热量与激情，擅长制造话题，与他们相处，我们绝对不会觉得单调乏味，他们如同动力十足的马达，每一刻都能想到让生活变得有趣的新点子。

3.黄色性格

黄色易让人联想到辉煌、希望、功名、健康、光辉、透明、光明等，充满华贵与威严。黄色性格的人坚定而自信，敢说敢做，是永不言败的一类人物。他们有强烈的求胜欲望，征服对他们来说是最大的满足。对于一个黄色性格的人来说，工作多并不可怕，没事做、闲着喝茶才是最可怕的事情。

4.蓝色性格

蓝色是冷色调，表示冷淡、理智、高深、安静。蓝色性格的人多情感细腻，对人体贴入微。他们忠于感情，忠于朋友，能给身边的人带来安全感。此外，拥有蓝色性格的人如海洋般深刻而有内涵，他们善于思考，喜欢把一切事情都安排得井井有条。

另外，从一个人衣着打扮的习惯中，也是可以看出这个人的性格特征的。

1.习惯穿单一色调服装的人

他们多是比较正直、刚强的人，理性思维要优于感性思维。

2.习惯穿淡色便服的人

他们多比较活泼、健谈，且喜欢结交朋友。

3.习惯穿深色衣服的人

他们的性格比较稳重，显得城府很深，不太爱多说话，凡事深谋远虑，常会有一些意外之举，让人捉摸不定。

4.习惯穿式样繁杂、五颜六色衣服的人

他们多是虚荣心比较强，爱表现自己而又乐于炫耀的人，他们任性甚至还有些飞扬跋扈。

5.习惯穿华丽衣服的人

他们一般都具有很强的虚荣心和自我表现欲。

6.习惯穿流行时装的人

他们最大的特点就是没有自己的主见，不知道自己有什么样的审美观，他们大多情绪不稳定，且无法安分守己。

7.习惯根据自己的喜好选择服装而不跟着流行走的人

他们多是独立性比较强，有果断的决策力的人。

8.习惯穿同一款式的人

他们的性格大多比较直率和爽朗，有很强的自信，爱

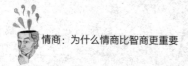

憎、是非、对错往往都分得很明确。他们的优点是做事不犹豫、不拖拉，而是显得非常干脆和利落。言必信，行必果。但他们也有缺点，那就是清高自傲，自我意识比较强，常常自以为是。

9.习惯打扮素雅、实用为原则的人

他们多是比较朴实、大方、心地善良、思想单纯而又具有一定的宽容和忍耐力的人。他们为人十分亲切、随和，做事脚踏实地，从来不会花言巧语地去欺骗和耍弄他人。他们的思想单纯，但绝不是对事物缺乏自己独特的见解。他们具有很好的洞察力，总是能把握住事情的实质，做出最妥善的决定和制订出最佳的方案。

以上就是判断对方性格特征的一些原则，当然，这些原则并不是放之四海而皆准的。要想在初次见面时，就根据一个人的穿着打扮判断其性格，还需要我们在实践中多积累经验，做个有心人。

第六章

沟通情商：多渠道沟通，减少误解

表达自己，有效沟通

表达自己是谋求双赢之道不可缺少的，了解别人固然重要，但我们也有义务让自己被人了解。这就需要良好的沟通能力。人与人的交往需要沟通，良好的沟通能力在工作中是不可缺少的，一个高效能人士绝不会是一个性格孤僻的人，相反应当是一个能设身处地为别人着想、充分理解对方、不针锋相对的对待他人的人，其中就蕴含着沟通的艺术与技巧。

一个高情商人士通常都具备出色的沟通能力，为此，他必须是一个"话题高手"，善于谈论他人感兴趣的话题。

凡拜访过罗斯福的人，都很惊叹他知识的渊博。"无论是牧童、野骑者、纽约政客，或外交家"，布莱特福写道，"罗斯福都知道同他谈什么。"他是怎么做的呢？

答案极为简单。无论什么时候，罗斯福每次接待来访者，都会在前一个晚上迟一点睡觉，以便阅读客人特别感

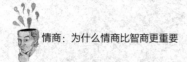

兴趣的话题。因为罗斯福同所有的领袖一样，知道赢得人
心的秘诀，就是与他谈论他最感兴趣的事情。所以，如果
我们想在沟通中更好地影响他人，就应当养成谈论他人感
兴趣的话题这个好习惯，这样才能真正知彼。

一个出色的沟通者还必然是一个主动的沟通者，相对
于被动沟通者而言，前者更容易与他人建立并维持良好的
人际关系，更可能在人际交往中获得成功。

沟通时要注意保持高度的注意力，因为没有人喜欢自
己的谈话对象总是左顾右盼、心不在焉的。沟通中最佳的
表达应该是信息充分而又无冗余的。最常见的例子就是，
你一不小心踩了别人的脚，那么一声"对不起"就足以表
达你的歉意，如果你还继续说："我实在不是有意的，别
人挤了我一下，我又不知怎的就站不稳了……"这样啰唆
反倒令人反感。

钓鱼的时候，必须放对鱼饵。成功的人际关系在于你
能捕捉对方观点的能力，还看一件事须兼顾你和对方的
不同角度。天底下只有一种方法可以影响他人，那就是提
出他们的需要，并让他们知道怎样去获得。不管我们要应
付小孩，或是一头小牛、一只猿猴，这都是值得我们注意
的一件事。

> 有一次，爱默生和他的儿子想使一头小牛进
> 入牛棚，他们就犯了一般人常有的错误，只想
> 到自己所需要的，却没有顾虑到那头小牛的立

场……爱默生推，他的儿子拉，而那头小牛也跟他们一样，只坚持自己的想法，于是就挺起它的腿，强硬地拒绝离开那块草地。

这时，旁边的爱尔兰女用人看到了这种情形，她虽然不会写文章，可是对于这些，她颇知道牛马牲畜的感受和习性，她马上想到这头小牛所要的是什么。

女用人把她的拇指放进小牛的嘴里，让小牛吸吮着她的拇指，然后再温和地引它进入牛棚。

从我们来到这个世界上的第一天开始，我们的每一个举动，每一个出发点，都是为了自己，都是因为我们需要而做。

哈雷·欧佛斯托教授，在他一部颇具影响力的书中谈道："行动是由人类的基本欲望中产生的……对于想要说服别人的人，最好的建议是无论是在商业上，家庭里、学校中、政治上，在别人心念中，激起某种迫切的需要，如果能把这点做成功，那么整个世界都是属于他的，再也不会碰钉子，走上穷途末路了。"

拥有卓越情商的人，通常都是人际高手。他们能够轻松解决一些别人认为很棘手的问题，有时甚至是化解危机。会沟通的人能够促进双方的理解，从而达成互相的信任，而不会沟通的人则会把事情越弄越糟。

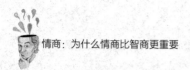

　　人造奶油发明之初，尽管人造奶油业者确信无论品质、味道、营养价值，均可以取代天然奶油，而且广做宣传，鼓吹人造奶油的优点，可是，美国民众还是认为人造奶油的味道较天然奶油差，而不愿意购买。

　　商家想出一个计策：他们邀请数十位家庭主妇参加午餐会。餐后，询问她们是否能够辨别天然奶油和人造奶油？90%以上的主妇，均极有信心地表示能够分辨，人造奶油较为油腻，吃起来似乎有股臭味，令人不敢领教。这时，支持实验的人员，分给每位妇女两块奶油，一黄一白，请她们品尝辨别。结果，95%以上的妇女，认为白色奶油味道鲜美、香醇，一定是天然奶油。至于黄色的奶油，色泽不佳，准是人造奶油！

　　事实却正好相反，白色的是人造奶油。主妇们基于传统的习惯，印象中好的奶油应该是洁白而稍带光泽，所谓味觉的分辨，也纯粹是心理作用，其实没有什么根据。在切身体验之后，她们不得不放弃人造奶油不如天然奶油的成见。

　　很显然，上面事件的策划者是不可多见的高情商者，他们懂得自己的目标不是要"打倒"这些家庭主妇，而是要通过以上的行为使他们之间产生信任的基础——理解，这是沟通的重要目的。

倾听是成功沟通的出发点

希腊哲人说："上天赋予我们一个舌头，却赐给我们两只耳朵，所以我们从别人那儿听到的话，可能比我们说出的话多两倍。"这句话，就是告诉我们要多听少说，因为倾听是迈向沟通成功的出发点。卡耐基说："最重要的是聆听，在你开口告诉别人你有多棒之前，你一定要先聆听。然后你才能开始认识别人，与别人交谈，千万别高人一等。多跟别人交谈，用心倾听，不要太快下决定。"

能说会道的人最受欢迎，善于倾听的人才真正深得人心。话多难免有言过其实之嫌，或者被人形容夸夸其谈。静心倾听就没有这些弊病，倒有兼听则明的好处。用心听，给人的印象是谦虚好学，是专心稳重，诚实可靠。所以，有时候用双耳听比说更能赢得他人的认可和赞誉。

倾听对方的任何一种意见或议论就是尊重，以同情和理解的心情倾听别人的谈话，不仅是维系人际关系、保持友谊的最有效的方法，更是解决冲突、矛盾和处理抱怨的最好方法。根据人性的特点，人们往往对自己的事更感兴趣，对自己的问题更关注，更喜欢自我表现。

倾听他人的声音，就能真实地了解他人，增加沟通的效力。一个不懂得倾听的人，通常也是一个不尊重别人的观点和立场、缺乏协调性的人。这种人无可避免地会引起

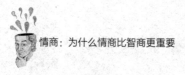

他人的反感。

　　人往往会对那些对自己感兴趣的人产生兴趣，不厌其烦地听别人倾诉，这在别人看来是对自己极大的尊重，而且直达对方的心灵，从而使感情更深一步。所以，人们更愿意和那些尊重自己、能打入自己心灵的人打交道。而那些受欢迎的人无疑是高情商的人。相反，那些只知道谈论自己的人会让人觉得他们只在乎自己的感受而不在乎别人的感受，这种人一般都是低情商的表现。所以，人们与之交往过一次之后，就不会有继续交往的欲望。

　　有效的聆听才能够保证有效的沟通，这是高效能人士、高情商人士的普遍共识。有人曾说："如果你希望成为一个善于谈话的人，那就先做一个注意倾听的人，这才是智者。"因为用心聆听不仅能够产生比较好的沟通效果，而且还是感情投资的关键，因为只有对方认同，我们的投资才有意义，否则就算我们费尽心机，对方也不能认同我们在情感账户中的储蓄。有效沟通始于真正的聆听。擅长聆听的人其实少之又少，但成功的领导人却都是那些真正领略聆听价值的人。那么，如何才能学会倾听呢？

　　1. 倾听时要有良好的精神状态

　　良好的精神状态是倾听的重要前提，如果沟通的一方萎靡不振，就不会取得良好的倾听效果，这只能使沟通质量大打折扣。良好的精神状态要求倾听者集中精力，随时提醒自己交谈到底要解决什么问题。

2.倾听时要及时用动作和表情给予呼应

作为一种信息反馈，沟通者可以使用各种对方能理解的动作与表情，表示自己的理解，传达自己的感情以及对于谈话的兴趣。

3.倾听时要适时适度地提出问题

沟通的目的是为了获得信息，是为了知道彼此在想什么，要做什么。因此，适时适度地提出问题是一种倾听的方法，它能够给讲话者以鼓励，有助于双方的相互沟通。

4.倾听时要有耐心，切忌随便打断别人的话

有些人话很多，或者语言表达有些零散甚至混乱，这时就要耐心地听完他的叙述。即使听到我们不能接受的观点或者某些伤害感情的话，也要耐心听完，听完后才可以表达我们的不同观点。

5.倾听时要有必要的沉默

沉默是人际交往中的一种手段，它看似一种状态，实际蕴含着丰富的信息。它就像乐谱上的休止符，运用得当，则含义无穷，可以达到"无声胜有声"的效果。但沉默一定要运用得体，不可不分场合，故作高深而滥用沉默。而且，沉默一定要与语言相辅相成，才能获得最佳效果。

修炼"嘴巴上的功夫"

在现实生活中，人们常常根据一个人的讲话水平和风

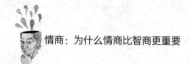

度来判别其学识、修养和能力。美国人早在20世纪40年代就把"口才、金钱、原子弹"看作是在世界上生存和发展的三大法宝，60年代以后，又把"口才、金钱、电脑"看作是最有力量的三大法宝，"口才"一直独冠三大法宝之首，足见其作用和价值。

有专家说：现代社会需要那种机敏灵活、能言善辩的活动分子。羞怯拘谨、笨嘴笨舌、老实的人，在现代社会不会成为出类拔萃的人才。有些人很有知识，就是因为缺乏"嘴巴上的功夫"，因而得不到人们的认可与赏识。沟通其实就是说话的学问，一个能言善辩的人能够把话说得滴水不漏，而不善言辞的人往往显得拙嘴笨舌。那么，怎样沟通才有效果呢？

1. 让对方多开口

成功的人大多是社交专家，然而出色的社交专家并不是我们所认为的口若悬河。真正懂交往之道的都是运用语言的大师，他们深谙人们的心理，了解人人都有表现欲，于是让对方多开口成了一条金科玉律。著名的成功学大师卡耐基先生曾说："最出色的沟通艺术，是会听而不是会讲。"

2. 从相同的观点说起

在与他人沟通的技巧中，"求同存异"是一个屡试不爽的佳法。所谓"求同"，就是要求我们从相同的观点以及共同的兴趣（关注点）开始，这样利于双方谈话氛围的和谐；而"存异"则是要我们尽量先不提分歧很大的观点、事物，这些只会破坏我们的谈话氛围。

社会心理学研究表明，人们都乐于同与自己有相近之处的人交往、谈话。因为相似因素，既能有效地减少双方的恐惧和不安，解除戒备，又能发出可以共同接收的信息，能有相同、相似的理解，产生相同、相近的情绪体验，进而在感情上产生共鸣。

3. 对对方感兴趣

人人都希望自己能受到别人的欢迎，但要做到这一点，并不是很容易的事情。如果只想在别人面前表现自己，使别人对我们感兴趣的话，我们将永远不会有许多诚挚的朋友。真正的朋友，不是以这种方式来交往的。

已故的维也纳著名心理学家亚德勒在一本叫作《人生对你的意识》的书中说道："不对别人感兴趣的人，他一生中的困难最多，对别人伤害也最大。所有人类的失败都出于这种人。"

事实上，每一个生命都是独一无二的，每一个生命都是一道独特的风景，只要我们有足够的耐心，就会发现每一个人身上都有可爱的地方。我们对别人感兴趣，换个角度看，就表明别人的价值和魅力在我们这里得到了承认，这是每个人都渴望拥有的一种感觉。如果我们能满足别人的这种渴望，我们想不受欢迎都很难。

4. 让对方说"是"

要想和别人建立合作关系，在与人交谈的时候必须记住至关重要的一点：不要从分歧开始，而要从双方都同意的地方开始。这么做能够让对方意识到我们的目标是一致

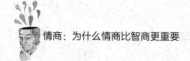

的，不同的只是方法而已。谈话的开始阶段极为重要，如果我们从一开始就使对方说"是"，我们将获得事半功倍的效果；反之，我们将面临重重障碍。

让对方说"是"往往比让他说"不"有利，强硬地批评或指责对方往往就是说"不"的诱因，为什么不换一种战术来让他接受我们的建议呢？

一位心理学家说过，最难突破的心理障碍就是那个"不"字，当一个人说了"不"，他的尊严就会要求他无论对错都要坚持到底。这种心理模式很容易理解，一个人在说了"不"之后，他的心理状态就会倾向于否定，他全身各组织器官——神经系统、内分泌系统、肌肉等全都呈现出抗拒的状态。如果你注意观察，你甚至能看到他的身体在收缩。如果对方一开始就说了"是"，那么在后面的谈话过程中，他的心理状态就会倾向于肯定，他的身体也呈现出接受和开放的状态。

任何一位高效的沟通者，都会在不知不觉中使用一些技巧来达到他们说话的目的，而让对方说"是"无疑是其中的一个好办法。它节约了双方大量的时间，那些毫无意义的思考，往往带来的结果并不令人满意。因此，学会运用这一技巧很重要，同时也非常实用。

总之，情商直接决定了一个人的沟通能力，情商高的人能够游刃有余地与自己的下级、同事、上级、周围的人沟通。

谈判中的身体语言

商场如战场，一次次的博弈过招，决定了双方的输赢。其中，双方的谈判就是常用的一种博弈方式。在谈判的过程里，双方都盘算着如何能让对方陷入自己的布局中。此时，相信对手的语言不如观察他的举动更可靠。所以，绝对不能将注意力只集中在做记录，而要学会搜集对手身体送出的信号，要让自己处在一种掌握最大信息的立场，并在谈判中好好利用！

看穿身体语言，掌握谈判优势。在谈判之中，双方为了各自公司的商业利益，展开口舌之战。每个人都步步为营，防止有闪失。在这个时候，如果能够从他人身上的细微之处窥视人心，则可能有事半功倍的效果。

1. 关注对方的眼部

在谈判中，双方将最先开始目光接触。而眼睛因为具有反映人们内心深层心理的能力，所以能传达出更多真实的情绪。有经验的谈判者一般都会从见到对方的那一刻到握手达成交易时，一直保持同对方的目光接触。如果对方不停地眨眼睛，则可能是因为神情活跃，对某事感兴趣，或者因为紧张腼腆而不自觉地做出的调整行为。但若是眼神飘忽不定，则要当心，他可能是想在谈判中为你设置陷阱。

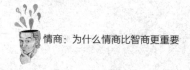

2.关注对方的表情

谈判的时候，对方的表情将会是其内在心理变化的外在反映。一般来说，如果一个人神色紧张，面部肌肉紧绷，露出不自然的笑容时，说明他可能是情绪不安，想要借这样的笑容来调节一下情绪。

3.关注对方的举止是否自然

谈判中，如果对方动作生硬，我们就要提高警惕，这很可能表示对方在谈判中为我们设置了陷阱。同时，还要注意他们的动作是否切合主题。如果在谈论一件小事的时候，就做出夸张的手势，动作多少有些矫揉造作，欺骗意味增加，需要仔细辨别他们表达情绪的真伪，避免受到影响。

4.关注对方是否咬住嘴唇

谈判中，如果对方经常咬住自己的嘴唇，就是一种自我怀疑和缺乏自信的表现。因为在生活中，人们遇到挫折时容易咬住嘴唇，惩罚自己或感到内疚。若在谈判中用到，则说明对方已经开始认输，内心开始妥协退让了。

5.关注对方说话速度是否过快

如果对方的说话速度非常快，则他们对谈判已经胸有成竹，势在必得，甚至不会在意我们所提出的建议。若只是在某些地方突然变快，则这里可能隐藏着他们的弱点，不希望他人发现或者揭穿。

6.关注对方在交谈中是否多次点头

在谈判中，一边听一边点头，说明对方在仔细聆听。但是如果他们的目光并没有投注在我们身上，而是其他地方，则表示另有想法。倘若表现出毫无意义的点头或在不恰当的时候点头，则说明他们并没有听懂我们的谈话，或者他们根本就不想听，是个不想对方提出异议的人物。

7. 关注对方在谈判中是否五指伸开

在谈判时，将手逐渐伸开，说明他们现在的心情放松，正想要陈述观点，并可能会继续做出这个动作。伸开的手指就是在释放压力，也是鼓励自己，赋予自己自信，就像小学生举手回答问题一样。

8. 关注对方是否交叉双臂和双腿

如果对方代表交叉腿和双臂，呈现一种封闭的姿态。这时，继续谈论什么他们可能都不为所动。所以，我们不妨用新的方式来继续谈判，重新解释问题；或者为双方制造一个暂时休会的契机，会议的暂停可以让彼此更充分地考虑谈判策略，并重新做出部署。

9. 关注对方是否沉默地吸烟

谈判的过程中，如果对方不再说话，而是沉默地吸烟，并不停地磕烟灰，说明内心有矛盾或者冲突。他们很焦虑不安，为了化解内心的情绪，在寻找发泄的途径。这样的表现对继续开展谈判非常不利，可以转换话题，让对方的思维暂时跳出来。

10. 关注对方座位的距离

假使自己与对方并无特别亲密的感情，可是对方却侵入了自己的身体空间，就应当警觉到对方可能有意对自己施予威胁或引诱，或试图破坏传统人际关系的围墙，而登

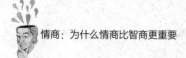

堂入室。例如，被流氓纠缠上时，对方必定以死皮赖脸的姿态亦步亦趋，步步逼近。

11. 关注对方的坐姿

绝大多数的时候，我们都是处于"静坐"的状态，而非走动或站立。那么，坐姿有何"天机"可以泄露的呢？凡是坐姿稳如泰山的人，在精神上大都处于优势地位，或者是有意处于优势地位者，而居于劣势地位的人，大都采取立即站立的坐姿。这种随时都在保持浅坐姿态的人，是在潜意识中欲表现对他人的恭敬和洗耳恭听的缘故。

打蛇打七寸，说服须揣摩

要想说服别人，必须要先熟悉对方的心理，明白对方需要的是什么，找到问题的所在，然后才能成功。这与俗话说的"打蛇打七寸"是一样的道理。

在人际交往中，有些人在说服他人的时候，只知一味地滔滔不绝，希望把自己的意见加之于对方，往往并不能真正说服对方，正所谓是"强扭的瓜不甜"。

如果说服别人之前能够多一点思考、揣摩一下对方的想法，那么等到真正进行的时候就会事半功倍。

巴西球王贝利在很小的时候就显示出了踢球的天赋，并且取得了不俗的成绩。

有一次，小贝利参加了一场激烈的足球比赛。赛后，伙伴们都精疲力竭，有几位小球员点上了香烟，说是能解除疲劳。小贝利见状，也要了一支。他得意地抽着烟，看着淡淡的烟雾从嘴里喷出来，觉得自己很潇洒、很前卫。不巧的是，这一幕被前来看望他的父亲撞见。

晚上，贝利的父亲坐在椅子上问他："你今天抽烟了？"

"抽了。"小贝利红着脸，低下了头，准备接受父亲的训斥。

但是，父亲并没有这样做。他从椅子上站起来，在屋子里来回地走了好半天，这才开口说话："孩子，你踢球有几分天赋，如果你勤学苦练，将来或许会有点儿出息。但是，你应该明白足球运动的前提是你具有良好的身体素质，可今天你抽烟了。也许你会说，我只是第一次，我只抽了一根，以后不再抽了。但你应该明白，有了第一次便会有第二次、第三次……每次你都会想：仅仅一根，不会有什么关系的。但天长日久，你会渐渐上瘾，你的身体就会不如从前，而你最喜欢的足球可能因此渐渐地离你远去。"

父亲顿了顿，接着说："作为父亲，我有责任教育你向好的方向努力，也有责任制止你的不良行为。但是，是向好的方向努力，还是向坏的

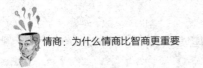

方向滑去，主要还是取决于你自己。"

说到这里，父亲问贝利："你是愿意在烟雾中损坏身体，还是愿意做个有出息的足球运动员呢？你已经懂事了，自己做出选择吧！"

说着，父亲从口袋里掏出一沓钞票，递给贝利，并说道："如果不愿做个有出息的运动员，执意要抽烟的话，这些钱就作为你抽烟的费用吧！"说完，父亲走了出去。

小贝利望着父亲远去的背影，仔细回味着父亲那深沉而又恳切的话语，不由得掩面而泣，过了一会儿，他止住了哭，拿起钞票，来到父亲的面前："爸爸，我再也不抽烟了，我一定要做个有出息的运动员！"

从此，贝利训练更加刻苦。后来，他终于成为一代球王。至今，贝利仍旧不抽烟。

在上面的例子中，贝利的父亲知道贝利很想做一个有出息的运动员，他从这点入手，成功地说服贝利放弃了抽烟。这就是一个抓住问题关键并成功说服对方的例子。其实任何事情都是如此，要想说服对方，必须揣摩透对方的心理，才能真正成功。

妻子："听说汤姆买了房子，而且还是座小型花园别墅，总共有120平方米。真好啊！我们的一些朋友都已经陆续有了自己的家。唉，真是让人羡慕，什么时候我们也能和他们一样呢？"

丈夫："啊，汤姆？真是年轻有为啊！我们也得加快脚步才行，总不能在这里待上一辈子吧。可是贷款购房利息又沉重得惊人。"

妻子："汤姆还比你小5岁呢。为什么人家可以，你就不行呢？目前贷款购房的人比比皆是，况且我们家也还负担得起。试试看嘛！不如这个星期我们去看看吧。现在正是促销那种花园别墅的时机呢。买不买是另一回事，看看也不错！"

于是星期天一到，夫妇俩就带着孩子去参观正在出售的房子。

妻子："这地方真好啊！环境好又安静，孩子上学也近，而且房价也是我们负担得起的。一切都那么令人满意，不如我们干脆登记一户吧！"

丈夫："嗯，是啊！的确不错。我们应该负担得起。就这么决定吧！"

这句话正中妻子的下怀。她早看准了丈夫的决心一直在动摇，而用旁敲侧击的方法让他做出决定，这是妻子的成功所在。

这位妻子为何能够如愿以偿呢？因为她懂得揣摩丈夫的心理，进而采取相应的说服对策。她先举出邻居汤姆的例子，继而运用"大家都买了房子""大家都不惜贷款购

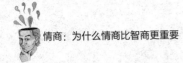

屋"等一连串话语来激发丈夫自己做出决定，成功把丈夫说服了。

卡耐基有一个避免争执的神奇句子："我不认为你有什么不对，如果换了我肯定也会这样想。"这句话能使最顽固的人改变态度，而且我们说这句话时并不是言不由衷，因为人类的欲望和需求是大致相同的，如果真的换成了我们，我们就会有他那样的想法和感觉，尽管我们也许不会像他那样去做。可见，我们要想使对方接受我们的建议或者意见，我们一定要会揣摩透对方的心理，只有这样，我们才能事半功倍，成功说服对方。

借逆反心理说服他人

"请不要阅读第七章第七节的内容。"这是一位作家写在其著作扉页上的一句饶有趣味的话。后来，这个作家做完一个调查后，不由得笑了，因为他发现绝大部分读者都是从第七章第七节开始读他的著作的，而这就是他写那句话的真正目的。

当别人告诉你"不准看"时，你就偏偏要看，这就是逆反心理。逆反心理是人与人之间为了维护自尊，而对对方的要求采取相反的态度和言行的一种心理状态。我们身边，常会有人"不受教""不听话"，与别人"顶牛""对着干"。人们常常通过这种对抗他人的行为，来显示自己的高明和非凡，以抗拒和摆脱某种约束，或者满足自己的好奇心、占有欲。这种欲望被禁止的程度愈强烈，它所产生的抗拒心理也就愈大。所以如果能善于利用这种心理倾向，不仅可以将顽固的反对者软化，使其固执的态度发生一百八十度的大转变，而且可以改变对手原有的想法，让他按你的意思去做事。

明朝时，杨升庵才学出众，中过状元。因嘲讽过皇帝，所以皇帝要把他充军到很远的地方。朝中的那些奸臣更是趁机公报私仇，向皇帝建议，把杨升庵充军海外或是玉门关外。

杨升庵想，充军还是离家乡近一些好，但是皇帝对他怀恨在心，如果直接提要求，肯定得不到应允。于是就对皇帝说："陛下要把我充军，我也没话说。不过，我有一个要求。"

"什么要求？"

"宁去国外三千里，不去云南碧鸡关。"

"为什么？"

"陛下不知，碧鸡关呀，蚊子有四两，跳蚤有半斤！切莫把我充军到碧鸡关呀！"

"唔……"

皇帝不再说话，心想：哼！你怕到碧鸡关，我偏要你去碧鸡关！杨升庵刚出皇宫，皇帝马上下旨：杨升庵充军云南！

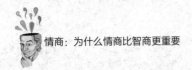

　　杨升庵利用"对着干"的心理，粉碎了奸臣的阴谋，让皇帝顺着自己的意愿去做，达到了去云南的目的。

　　其实每个人身上都长着一根反骨，你越是制止人们的某种行为，人们越是想要这样去做。如果你坚持采取某种行动，结果对方必会采取相反的行动。利用这种心理，我们可以设下一个小陷阱，刺激对方的逆反心理，最终达到你的目的。

　　无论男女老少，他们都多多少少有一些逆反心理，只要我们善于抓住那一根反骨，就能够促使他人按照我们的意思去办。对于一些固执、倔强的人，这不失为一种省心省力又奏效的改变其行为的方法。

赞美是沟通的最好润滑剂

　　有专家称：赞美是沟通中最好的润滑剂。赞美是对别人长处的承认和赞扬，它不同于奉承，不是虚伪，赞美往往是既激励别人又有益于自己的事情。从心理学的角度来讲，渴望赞美和欣赏也是大多数人的心理要求，只有被肯定，人才会觉得自己生存得有价值。

　　幽默作家马克·吐温说：一句赞美可以支撑我活两个月。美国前总统罗斯福有一种本领，对任何人都能给予恰当的赞誉。

　　林肯也是善于使用赞誉的高手。韦伯这样评价林肯：

"拣出一件使人足以自矜并引起兴趣的事情，再说一些真诚又能满足他自矜和兴趣的话，这是林肯日常必有的作为。"

林肯曾说："一滴蜜比一加仑胆汁能够捕到更多的苍蝇。"

人类最渴望的就是精神上的满足——被了解、被肯定和被赏识。对我们来说，赞美就如同温暖的阳光，缺少阳光，花朵就无法开放。

赞扬别人是给予的过程。许多人总是记得，在沮丧、绝望、萎靡不振时，别人的赞赏曾经给予他们多么大的快乐，多大的帮助。不管是多么冷漠的人，对于赞扬和认可也很少设防，往往一句简单又看似无心的赞扬，一个认可的表情就是良好关系的开端，人与人的距离由此拉近，让后面的沟通更加顺畅。

正如前面所说，许多成功的人士都有赞美别人的良好习惯，他们不像普通人那样，总是纠结于别人不好的地方，而是把目光放在别人的长处上面，并对之大加赞美，这种赞美有时候竟然会改变另外一个人的一生。

　　大音乐家勃拉姆斯出生于汉堡。他家境贫寒，少年时便为生活所迫混迹于酒吧里。他酷爱音乐，却由于是一个农民的儿子，无法得到教育的机会，因此，对自己的未来他毫无信心。然而，在他第一次敲开舒曼家大门的时候，根本没有想到，他一生的命运就在这一刻决定了。

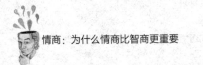

当他取出他最早创作的一首C大调钢琴奏鸣曲草稿，弹完后站起来时，舒曼热情地张开双臂抱住了他，兴奋地喊道："天才啊！年轻人，天才！……"这出自内心的由衷赞美，使勃拉姆斯的自卑消失得无影无踪。从此，他如同换了一个人，不断地把他心底的才智和激情宣泄到五线谱上，成为音乐史上一位卓越的艺术家。

在与别人沟通的过程中，我们都要学会主动去赞美人，赞美是免费的。尽管是免费的，但是它又是最好的货币，价值无限，因为不管是赞美者还是被赞美者都可以从它身上得到很多。

赞美不仅会提升被赞美者的自信心，增加他们生活的勇气，还可以使赞美者受益。在人际交往中，约翰·洛克菲勒就善于真诚地赞美他人，与员工保持良好的沟通，以此来维系良好的人际关系，使对方为自己更努力地工作。

一次，洛克菲勒的一个合伙人爱德华·贝德福特，在南美的一次生意中，使公司损失了100万美元。然后，贝德福特丧气地回来见洛克菲勒，洛克菲勒本可以指责他的过失，但是他并没有这样做，他知道贝德福特已经尽力了，更何况事情已经发生了，并不能因此而把他的功劳全部抹杀，于是洛克菲勒另外寻找一些话题来称赞贝德福特，他把贝德福特叫到自己的办公室，对他说："这太好了，你不仅节省了60％的投资金融，而且也为我们敲了一个警钟。我们一直都在努力，并且取得了几乎所有的成功，还没有尝到失败的滋味。这样也好，我们可以更好地发现自己的错误和缺点，争取更大的胜利。更何况，我们也并不能总是处在事业的巅峰时期。"

洛克菲勒的几句话，把贝德福特夸得心花怒放，并下决心下次一定要好好注意，不再犯类似的错误。

无独有偶，某公司的一个清洁工，本来是一个最被人忽略的角色，他却在一天晚上，与偷窃公司钱财的窃贼进行了殊死搏斗。在颁奖大会上，主持人问他的动机时，他的回答让人们大吃一惊。他说："公司的总经理经过我身边时，总会赞美一句'你打扫得真干净'。"

可见，学会真诚地赞美别人是多么的重要。学会赞美别人不但符合时代的要求，还是衡量现代人素质和交际水平的一个重要标准，更是成功沟通的保障。但是赞美不是奉承，也不是毫无来由的乱夸，而是要讲求一定的技巧。

（1）借别人之口转达赞美。

（2）赞美要真诚、公正。

（3）赞美要得体。

（4）赞美要及时而不失时机。

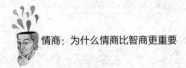

（5）寻找对方最希望被赞美的内容。

（6）赞美要从细节着手，忌俗套、空洞。

如果我们每个人都会发自内心地赞美别人的长处，反省自己的不足，无疑会使我们自己在人格上变得更完善，也更易得到别人的认可和欢迎。学会真诚地赞美别人还是修养性情的需要，它有助于我们达到更高的人生境界，让我们在与别人沟通时更有格调。

第七章

交际情商：在人际交往中如鱼得水

永不贬值的影响力

高情商的人，往往都是一些影响力很强的人，他们的人际关系都会处理得非常完美，生活、事业都处在令人羡慕的状态。影响力不同于别的能力，能让其他人在短期的实践中感觉得到；更不同于智力，大家可以评估出来。影响力就是一种独特的魅力，时时刻刻影响着我们，并且给予对方一种神奇的力量，甚至可以影响身边的人的一生。

有人笑称，人生就是一个控制与反控制的博弈，那么我们也完全可以说人生就是一种互相影响的对弈，谁的影响力大，谁的影响范围广而且深入，那么他就赢得了成功的主动权。

提及影响力，人们习惯性地认为它与权力相同，其实不然。与权力不同，影响力不是强制性的。它是一个更为微妙的过程，是以一种潜意识的方式来改变他人的行为、态度和信念的过程。它确实涉及了权力的某些方面，但它是通过

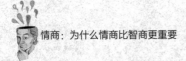

人际劝服来进行的微妙的过程。与赤裸裸的权力相比，影响力没有那么直观——从它的本质来看，影响力比较间接和复杂。这种非直观的、更为微妙的本性赋予影响力一种内在的力量，那么，我们如何增强自己影响他人的能力呢？

1. 信守承诺

人无信则不立，这是千万年来永恒不变的做人之根本。古今中外的人无一不把守信看作是一名君子必备的品质。这种人往往可以赢得众人的信任和尊重，从而拥有异于常人的影响力。

诚信是可以传递的。如果别人总是能够对我们言而有信，我们自然就会体会到诚信的分量。许下了诺言，就要竭尽全力去达成。一个重诺守信的人才能够赢得别人的尊重，当他需要众人的时候，才可能有很强的影响力，因为大家都相信他是个说话算话的人。

对于我们每个人来说，这个道理同样适用，只有一个诚信的人，才有可能具有一呼百应的能力。

2. 保持积极的情绪

心理学家研究表明，在生活当中，人们的情绪可以传染，也就是说，在人际关系中，大部分的人在看到别人表达情感时，往往会激发自己产生出与别人相同的情感。虽然很多的时候，我们并不能意识到这一点，但它确确实实存在。而且情绪的传染往往是从那些情绪强的一方传递到比较弱的那一方，当然我们不能忽视一点，那就是强烈的消极情绪也可以给别人以影响。但是这种影响往往是消极的、不良的，为了使自己成为一个有好的影响力的人，我们一定要注意使自己成为一个传递积极情绪的人。那些给别人带来震撼的人士，并不见得是成功的人，但往往都是那些能把积极的情绪传递给别人的人。

3. 运用对比

在表演舞台上将光柱照射到主要演员身上，就是为了引起观众的注意；在学校里，教师用白色粉笔在黑板上写字，黑白两色形成极大的反差，从而引起学生的注意；在出租房屋的时候，为了增加客户对房子的满意度，那些推销员总是先领他们去看那些破烂得无法居住的房子等。在很多时候，运用对比的方法对他人施加影响力可以使他人很快转变想法，从而接受自己的提议。

对比是一种非常实用也是非常成功的成交法，我们可以用简单、轻松、愉快的方式来使用它。使用这种方法，可以使他人看到希望、转变看法，甚至还可以使他人重新鼓起生活的勇气。

4. 坚持互惠原则

人生就像是战场，人与人之间有时候难免要处于互相对立的位置，但是人生毕竟不是战场。生活也不用像战争那样，非得争个鱼死网破，两败俱伤。从更根本的利益来看，互惠是人类社会永恒的法则，它是各种交易和交往得以存在的基础。互惠即意味着要想得到，必须先给予，只有这样，才能最终得到自己想要得到的东西。坚持互惠的原则往往可以让我们在社会的交往当中利用到更多的资

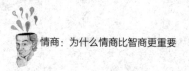

源，获得更多的帮助。

当然，要影响别人，就要从用心开始，因为只有我们自己用心做某件事情，才能使别人受到感染，从而才能真正影响到别人。那些用心做事的人，他们不但能使自己变得更完善，还能使世界因自己而得到改变。

用心是一种生活的态度，不管是多么平凡的人，只要他能够真正用心去做一件事，就可以让人感觉到那种不易察觉的影响力在他的周围扩散，从而使别人不由自主地受到影响。

永不过时的交往技巧

不管是在哪个领域，我们总是会时不时地看到成功人士的身影，他们看起来十分健谈，所有听他们讲话的人都会显得聚精会神，出现这样的情景往往并不是因为他们有很高的智商，而是因为他们有着很好的人际交往技巧，人们往往会不由自主地被其吸引。

我们每个人几乎每天都在与别人打交道，这个打交道用专业的话来说就是交往，虽然交往无时无刻不在进行，但是并不是所有的人都掌握了交往的技巧，那些成功的人往往都是一些很有交往技巧的人。但是也有很多学业优秀的学生走向社会之后并没有做出骄人的成绩，如果仔细探究其中的原因，我们往往会很容易地发现，他们的失败是因为自己缺乏一些人际交往的技巧。美国前总统林顿·约翰逊就有一套严格的交际准则，这些准则对他的成功发挥了重大作用。这10项交际准则如下。

第一，记住人的名字。如果你没做到这点，就意味着你对人不友好。

第二，平易近人，让别人跟你在一起觉得很愉快。

第三，要有大将风度，不为小事而烦恼。

第四，不要自高自大，做一个谦虚的人。

第五，培养广泛的兴趣和爱好，充实自己，使别人在与你的交往中得到一些有价值的东西。

第六，检查自己，去除所有不良习惯和令人讨厌的东西。

第七，不结怨仇，消除过去的或现在的与他人的矛盾和隔阂。

第八，爱所有的人，真诚地去爱他们。

第九，当别人取得成绩的时候，去赞赏他们；当他人遇到挫折或不幸的时候，去同情他们，安慰他们，给他们以帮助。

第十，精神上给人以鼓励，你也会得到他们的支持。

其实不但林顿·约翰逊有着自己的交往准则，很多高

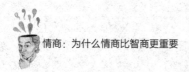

智商的成功人士在人际交往过程中都有一定的交往技巧。例如，他们说话前，先喊出对方的名字。要想让人愿意与我们交往的最简单、最容易理解的方法，就是记住对方的名字，让对方有种被重视的感觉。

还有，要让自己的声音显得甜美而有韵律。一个人讲话时的声音是否优美动人，跟他受欢迎的程度及社交上的成功密切相关。事实上，没有任何一样东西可以像甜美而有韵律的声音一样，如此真实地反映出一个人良好的教养和高雅的品性。

"如果把我跟一大群人关在一间黑暗的屋子里，"托马斯·希金森说，"我可以根据人们的声音分辨出其中的温文尔雅者。"

一个名人曾经讲过这样的例子，他说他认识的一位女士，由于声音非常清脆圆润、谐和雅丽，因此，不管她到任何地方，只要她一开口说话，所有的人便都洗耳恭听，因为他们无法抗拒如此富于魅力的声音。那种真纯、爽朗、充满生命活力的声音就像从干裂的地面喷出的一股清泉，就像从静寂的山谷涌上的一注急流，在每个人的心头涓涓而流，恰似生命中最美的音乐。

事实上，这位女士的相貌相当普通，甚至可以说是有些丑，然而她的声音却是那样的圣洁甜美；它所带来的魅力是不可阻挡的，并且也从某个层面象征着她高雅的素养和迷人的个性。其实，人际交往的技巧有很多，综合很多高情商成功人士的经验，我们把它们分列如下。

1.尊重他人的意见，切勿对他说："你错了！"

这是对别人智慧的直接侮辱，并且会招来怨恨，只会使沟通的机会更少。要尊重别人的意见，或者，只要请问他们为何会有此种想法即可。

2.如果是自己错了，立即承认

成熟而具有信心的人士，绝不怕承认自己的错误。

3.以友善的态度开始

如我们不这么做，怎么有可能赢得别人的合作，而使其同意我们的看法呢？

4.设法使他立即说："对，对！"

让对方在一开始便对某个观点表示同意，如此，要他接受我们的其他意见便比较容易了。

5.多让他说话

此种方法不仅可以获得更多信息，甚至可以使对方主动谈到我们已决定要做的事。

6.让他觉得，这主意是他想到的

重要的是，什么是对的，而不是谁是对的。只有依据这个原则，我们才能帮助他人重建信心，并使他们愿意把好意见提出来。

7.真诚地试图从他人的角度去了解一切

每个人的观念和立足点不同，也许他们所看到的比你更全面。

8.理解他人的想法与愿望

这是开启沟通渠道的最好方法，可以起到双赢的效果。

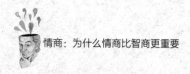

9. 提出挑战

大部分人都具有竞争心理。因此，提出挑战会收到意想不到的效果。

10. 将我们的想法做戏剧化的说明

好的观念要有好的包装。把我们的观念用与众不同的、一般人想不到的方式表达出来，以加强诉求效果。

上述所列的交往技巧永不过时，只要我们能够多注意运用人际交往中的一些小技巧，我们的人际交往能力就会得到有效的提高，从而使我们在与别人交往时，不但使别人感到舒服，愿意与我们进一步交往，还可以达到我们自己的目的。

积极主动，方能操之在我

国外有一句名言，"20岁靠体力赚钱，30岁靠脑力赚钱，40岁以后则靠交情赚钱"。这里的"交情"其实就是人际关系，即人脉。人脉就是资源，关系就是财富。成功离不开人脉，人脉资源的多少决定了成功的程度。

斯坦福研究中心曾发表过一份报告："一个人赚的钱，12.5%来自知识，87.5%来自关系。"美国石油大亨洛克菲勒在总结自己的成功经验时表示："与太阳下所有能力相比，我更关注与人交往的能力。"正是这种卓越的人脉交往能力成就了他辉煌的事业。其实，在生活中，很多成功人士都深刻意识到了人脉资源对自己事业成功的重要性，要想让自己的人脉资源在自己的事业中发挥重要的作用，就要在平时积极主动，这样才能够"操之在我"。

有一个14岁的男孩在报上看到应征启事，正好是适合他的工作。第二天早上，当他准时前往应征地点时，发现应征者已经有20个了。

这份工作要的人数非常少，估计轮到他时就已经招满了，但是他又非常需要这份工作，怎么办呢？

他拿出一张纸，写了几行字，然后走出行列，并要求后面的男孩为他保留位子。他走到负责招聘的女秘书面前，很有礼貌地说："小姐，请你把这张便条交给老板，这件事很重要。谢谢你！"

这位秘书对他的印象很深刻，因为他看起来神情愉悦、文质彬彬。如果是别人，她可能不会放在心上，但是这个男孩不一样，他有一股强有力的吸引力，令人难以忘记。所以，她将这张纸条交给了老板。

老板打开纸条，看后笑笑交还给秘书，她也把上面的字看了一遍，笑了起来，纸条是这样写的："先生，我是排在第27号的男孩。请不要在见到我之前做出任何决定。"

结果可想而知，这样遇事主动寻找对策的人是每位老板都喜欢的——他被录用了。

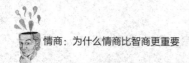

　　从上面的例子可以看出来，当时这个男孩处于非常不利的地位，应聘的人数众多，招聘的人数很少。他被排在27号，在老板面试完26个人之后，应该已经很疲惫了，可能都懒得仔细听他说些什么了，但是他并没有因此放弃，而是主动出击，用递纸条的方式给老板留下了深刻的印象，为自己争取了主动权。很多成功的人士都是那些能够主动找方法，并最终掌握主动权的人。

　　调查表明，失败的人，往往信奉困难比方法更多，而那些成功的人士，总是那些在困难或者逆境面前，主动寻找方法的人。他们信奉方法总比困难多的哲学，因此他们往往能够最终取得成功。这点值得我们每个人学习。

　　比尔·盖茨的名字几乎无人不知，就连小孩子都会说长大后要做第二个比尔·盖茨。可见，比尔·盖茨在世人心目中的地位与形象已经根深蒂固，他成了财富与智慧的象征，而且这也是他当之无愧的。他亲手创建的美国微软公司至今仍笑傲群雄。关于他的故事实在很多，关于他的评论更是众说纷纭：信息时代的天才、软件帝王、企业家、神、魔、恶毒小人……

　　但不管怎样，只要提起微软，谁都不会忘记比尔·盖茨，因为他是微软的创始人、微软的精神象征。

　　比尔·盖茨为什么能拥有如此辉煌的成就呢？除了他的智慧、眼光、执着，另一个重要的原因是他善于拓展人脉资源。此外，很多成功的人士，都是善于利用、拓展人脉资源的人。

　　每一个伟大的成功者背后都有另外的成功者在支撑

着，没有人是靠自己一个人达到事业顶峰的。所以，如果你想成为出类拔萃的人，就一定不能忽略人脉的拓展。

曾任美国某大铁路公司总裁的史密斯说："铁路的95%是人，5%是铁。"美国成功学大师卡耐基经过长期研究得出结论："专业知识在一个人成功中的作用只占15%，而其余的85%取决于人际关系。"所以说，无论你从事什么职业，懂得人脉的重要性并善于利用和拓展它，你就在成功路上走了85%的路程。

即使我们有现成的人脉利用，如果我们自己不再注意积累和拓展更多人脉的话，就会后继无力，要想取得人生的主动权，就必须主动出击，拓展人脉。不过在拓展人脉、与人交往的过程中，也要注意保护自己。

在与人的交往当中，我们要遵循以下的两点准则，以保护我们自己：一是要特别警惕那些站在我们的立场或者利益上说话或者办事的人，因为没准他就是那个想从我们这儿获得更多利益的人；二是我们要切忌盲目服从权威。当然，从另一个方面来说，进行自我保护，还意味着要区分那些想从我们身上得到更大好处的人和那些真正的朋友，也意味着要听得进权威的正确意见。

创造强大的气场

科学家发现，在大雁飞行的时候有一个有趣的现象：

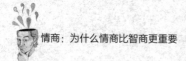

头雁拍打几下翅膀，会产生一股上升气流，后面的雁紧紧跟着，可以利用这股气流，飞得更快、更省力。这股气流就是气场，气场能够影响别的大雁。不仅大雁有气场，我们也有，但我们的"气场"不是气流，而是每个人对周围同类人所施加的影响力。每个人都有不同的气场，有的强，有的弱。尽管气场产生作用的过程会有向内的力，但是它产生的结果却是向外的力。

当一个人的语言和行为有鲜明的个性风格，如果这种风格不断带来正面的结果，这样的刺激闭环被重复加强的时候，它就会为周边的人发现，这一切都无处不在、无时不有地发挥着自己的影响力。

一位心理学家在研究过程中，为了了解人们对于同一件事情在心理上所反映出来的个体差异，他来到一所正在建筑的大教堂，对现场忙碌的采石工人进行访问。

心理学家问他遇到的第一位工人："请问你在做什么？"

工人没好气地回答："在做什么？你没看到吗？我正在用这个重得要命的铁锤来敲碎这些该死的石头。而这些石头又特别硬，害得我的手酸痛不已，这真不是人干的工作。"

心理学家又找到第二位工人："请问你在做什么？"

第二位工人无奈地答道："为了每天50美元的工资，我才会做这件工作，若不是为了一家人的温饱，谁愿意干这份敲石头的粗活？"

心理学家问第三位工人："请问你在做什么？"

第三位工人眼中闪烁着喜悦的神采："我正参与兴建这座雄伟华丽的大教堂。落成之后，这里可以容纳许多人来做礼拜。虽然敲石头的工作并不轻松，但当我想到，将来会有无数的人来到这儿，再次接受上帝的爱，心中便常为这份工作而感恩。"

同样的工作、同样的环境，却有着完全不同的三个人。

第一个工人，是无可救药的人。可以设想，在不久的将来，他将不会得到任何工作的眷顾，甚至可能成为生活的弃儿。如果把他留在团队中，他只会继续散布悲观论，瓦解一个团队的斗志。

第二个工人，是没有责任感和荣誉感的人。对他抱有任何期望肯定是徒劳的，他抱着为薪水而工作的态度，为了工作而工作。在老板和同事的眼里，他不是可依赖的员工，可有可无，影响力为零。

该用什么语言赞美第三个人呢？在他身上，看不到丝毫抱怨和不耐烦的痕迹；相反，他是具有高度责任感和创造力的人，他充分享受着工作的乐趣和荣誉，同时，因为他努力工作，工作也带给了他足够的荣誉。他就是我们所

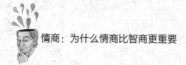

说的具有强大"气场"的人。他浑身都散发出让人难以抗拒的魅力，使接近他的人不由自主地感觉到一种正面、积极的力量，从而被他吸引。很多高情商的成功人士都有着像这样的强烈"气场"，他们往往对生活充满热情，使周围的人不由自主为其叹服，受其感染。

热情就如同生命。凭借热情，我们可以释放出潜在的巨大能量，发展出一种坚强的个性；凭借热情，我们可以把枯燥乏味的工作变得生动有趣，使自己充满活力。

历史上许多巨变和奇迹，不论是社会、经济、哲学或是艺术的研究和发展，都是因为参与者的百分百的热情才得以进行。

对生活充满热情的人都有着积极的心态、积极的精神状态。在人群中，他们的"气场"通过一种极富感染力的表达方式传递到他们的周围，使大家都能感受到这种精神的魅力。

用亲切唤起对方的热情

人与人在交往时，总是会互相保持距离，因而无法亲近。其实，人际交往就像是充满回声的山谷，自己发出怎样的声音，就会引发对方怎样的反馈。使自己保持亲切感，令自己的气场具备亲和力，才能使对方的气场在互动中具有同样的亲和力，从而唤起对方心中的热情，最终达到气场共振。

林肯在竞选总统时，有一位小女孩写信给他，说希望他能够蓄起大胡子，她觉得林肯有了胡子应该很好看，并且她将为大胡子林肯拉两张选票。后来，林肯打听到那个小女孩的住址，找到那个小女孩，指着自己的大胡子对民众说，自己的胡子就是为她而留的。民众听了无不动容，最终他赢得了选举。

亲切感运用得当，其效力是不可估量的。林肯为小女孩留胡子，表明了自己尊重民众的立场，自然能引起大家的好感与共鸣。亲切感造就亲和力，唤起对方的热情，使人际交往有好的开始。而一个好的开始，意味着交往成功了一半。

对于你希望与之合作的人，对于你人脉圈中的所有人，如果你想获得他们的友谊，就要使自己的气场充满亲切感。亲切感是一种难得的个人魅力，使人们愿意主动靠近。

那么，在日常交往中，如何使自己具有亲切感呢？简单说来，亲切感的产生来自交往过程中对于细节的高度注意与精确运用。这种细节包括眼神和微笑，也包括许多极其细小的其他事情与动作。这些细节的运用，首先是与对方交往时善意与尊重的传达，表示自己对于对方的关注并愿意与其交往。如前所述，营造亲切感一定要从细节着手，而凡是涉及细节，都需要两样东西，即耐心和细心。细节往往很烦琐，譬如端茶倒水、迎来送往，以及客人在

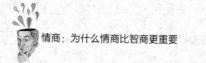

交往中的诸多小要求，你若想一一满足，并且做得自然而周到，就需要拥有宽广的心胸与度量。要知道每个人都会有这样或那样的缺点与小毛病，稍稍容忍，尽量满足对方，就能使对方对你产生好感与热情。

袁岳在《我的江湖方式》一书中提到，有不同地位的朋友所在的场合，要保持微笑，体贴地招呼那些内向的、不为人注意的、可能有点自卑的朋友，在社交中对弱势者的帮助会得到别人特别的感激。所以，在公众场合，应该亲切地问候每一个人，尤其是那些弱势者，这将能更全面地俘获人心。著名女企业家玫琳凯就深谙此道。

　　玫琳凯在自己创业前，在一家公司当推销员，有一次，开了整整一天会之后，玫琳凯排队等了三个小时，希望同销售经理握握手。可是销售经理同她握手时，手只与她的手碰了一下，连瞧都不瞧她一眼，这极大地伤害了她的自尊心，工作的热情再也调动不起来。当时她下定决心："如果有那么一天，有人排队等着同我握手，我将把注意力全部集中在站在我面前同我握手的人身上，不管我多么累！"

　　果然，从她创立公司的那一天开始，她多次同数人握手，并牢记当年所受到的冷遇，公正、友好、全神贯注地与每一个人握手，结果她的热情与亲切感动了每一个人，许多人因此心甘情愿地与她合作，使得她的事业蒸蒸日上。

你期望别人怎么对你，你就怎么对待别人。你对别人亲切热情，别人自会这样对你。玫琳凯就是以自己的亲切感动了身边的人，从而获得了别人的喜爱，拥有了成功的助力。可见，想要构建完美的人际关系，亲切感是你不可或缺的法宝。

先人后己更有魅力

特赖因曾经说过："告诉我在你心中，有多少人值得你去爱，我便能猜测出你的生命中有多少贵人；告诉我你对他人的爱有多么强烈，我便能知道你距离成功还有多远。"

印度谚语说："帮助你的兄弟划船过河吧！瞧！你自己不也过河了！"一个人的成功总是与他对世人的爱相关联的，因为爱别人也能够给自己带来好运。先人后己让自己更有魅力，更能让周围的人对自己伸出援助之手。帮助别人其实就是帮助自己，在别人有困难的时候，只有我们能帮助别人，轮到我们遇到困难的时候别人才能帮助我们。

在纽约，有一对夫妇俩开了一家小饭店。

刚开张时，生意冷清，全靠朋友和街坊照顾，但两个月后，夫妇俩便以待人热忱、收费公道而赢得了大批的"回头客"。小饭店的生意，也一天一天地见好起来。

几乎每到吃饭的时间，城里的一个流浪汉就

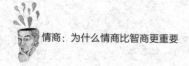

到处行乞。

人们从未见过其他店主能够像这夫妇俩一样，宽容平和地对待这个流浪汉。其他店主一见到流浪汉上门，就会拉下脸来严厉地呵斥辱骂，而这夫妇俩则每次都会笑呵呵地给这个流浪汉的碗里，盛满热饭热菜。而且这些饭菜，都是从厨房里盛来的新鲜饭菜，并不是那些顾客用过的残汤剩饭。

在施舍流浪汉的时候，他们没有丝毫的做作之态，表情和神态十分自然，就像他们所做的这一切原本就是分内的事情。

一天深夜，街上一家从事五金生意的店铺，由于老板过分劳累睡着忘了将烧水的煤炉熄灭，引发了一场大火，殃及了饭店。

这一天，恰巧丈夫去外地进货，一无力气二无帮手的女店主，眼看辛苦张罗起来的饭店就要被熊熊大火所吞没。着急万分之时，只见那个平常天天上门乞讨的流浪汉，不知从哪里钻了出来，还带着另外三四个流浪汉，冒着生命危险将一个个笨重的液化气罐马不停蹄地搬运到了安全地段。紧接着，他们又冲进店内，将那些易燃物品也全都搬了出来。消防车很快开来了，饭店由于抢救及时，虽然也遭受了一点小小的损失，但最终给保住了。

火灾过后，夫妻俩感谢流浪汉，流浪汉却动情地说："是你们对我的爱心让我这样做的，不用感谢我。"

正所谓，爱人者人恒爱之。莎士比亚曾经说过："上天生下我们，是要把我们当成火炬，不是照亮自己，而是照亮别人。"当一个人将爱的意识贯注自身并向周围洋溢时，身边的人就能够感受到我们带来的浓浓的暖意和旺盛的生命活力，人的天性是感恩的，他们会有所回馈，这样，我们在付出爱的同时，也会接收到别人传递的爱的讯号。这就如那个巧妙的比喻所说：爱是世界的回音壁。我们付出多少爱，世界就会回馈给我们多少。

每个人的力量都是有限的，在面对复杂的社会环境时，我们可能需要别人的帮助，以弥补自己力量的不足。而要想获得别人的帮助，就要先帮助别人，在帮助别人的过程当中，我们不但可以收获到别人的感谢甚至是回报式的帮助，还可以享受到助人的快乐，一举两得的事情，我们何乐而不为呢？

所以世界上那些最伟大的人，从不吝于将自己的赞美加诸爱之上。英国的勃朗宁曾将无爱的地球形容为可怕的坟墓；法国的拿破仑启发我们进行思考："你可曾想到，失去了爱，你的生活就离开了轨道。"德国的席勒也告诉我们："爱使伟大的灵魂更加伟大。"

只有懂得帮助别人的人才能得到别人的帮助。这是一个很简单的辩证法，但是并不是谁都能够熟练地运用它，而那些高情商的人都很明白这点，他们往往都是乐于助人的人，因此他们也能得到别人回报式的帮助，从而使自己变得更易成功和快乐。

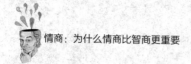

在我们的生活中，有很多人热衷于财富的追求，也有很多人迷恋于功名的获取，似乎生命注定就是名与利的纠缠。其实，名与利并不是一切，有时候，懂得爱别人，学会帮助别人才意味着全部。

假设我们拥有了一切，但是唯独不爱别人，不去帮助别人，那我们就会成为孤家寡人一个，这一切就等于零，会变得毫无意义。一个没有爱的躯体便如同丧失了灵魂一般，而没有灵魂的人自然无法主宰自己的生命。所以，一个人想要真正的掌控自己生命的能量，就要学会如何去爱，如何付出爱，先人后己更有魅力。因为即使我们失去了一切，只要拥有爱，拥有一颗爱世人的心，那么一切便都有重新得到的希望。所以，主动去爱世人吧，先人后己，我们所得到的将会远远超过自己的付出。

求人帮忙与"登门槛效应"

心理学中有一个登门槛效应，指一个人如果先接受了他人一个微不足道的要求，那么为使自己的形象看起来不自相矛盾，在心理惯性的支配下，就有可能接受他人更高的要求，哪怕是原本不愿接受的要求。

曾有社会心理学家做过一个经典而又有趣的实验，他们派了两个大学生去访问加利福尼亚州郊区的家庭主妇。

其中一个大学生先登门拜访了一组家庭主妇，请求她们帮一个小忙：在一个呼吁安全驾驶的请愿书上签字。这是一个社会公益事件，而且只是签个字，于是绝大部分家庭主妇都很合作地在请愿书上签了字，只有少数人以"我很忙"为借口拒绝了这个要求。

接着，在两周之后，另一个大学生再次挨家挨户地访问那些家庭主妇。不过，这次他除了拜访第一个大学生拜访过的家庭主妇之外，还拜访了另外一组家庭主妇。与上一次的任务不同，这个大学生访问时还背着一个呼吁安全驾驶的大招牌，请求家庭主妇们在两周内把它竖立在她们家的草坪上。这是个又大又笨的招牌，与周围的环境很不协调。按照一般的经验，这个有点过分的要求很可能被这些家庭主妇拒绝。

实验结果是：第二组家庭主妇中，只有17%的人接受了该项要求；而第一组家庭主妇中，则有55%的人接受了这项要求，远远超过第二组。

对此，心理学家的解释是，人们都希望给别人留下前后一致的好印象。为了保证这种印象的一致性，人们有时会做一些理智上难以解释的事情。在上面的实验中，答应了第一个请求的家庭主妇表现出了乐于合作的特点。当她们面对第二个更大的请求时，为了保持自己在他人眼中热心公益的形象，于是同意在自家草坪上竖一块粗笨难看的招牌。

这个实验告诉我们，一个人一旦接受了他人的一个小要求之后，如果他人在此基础上再提出一个更高一点的要

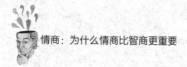

求，那么，这个人就倾向于接受这个更高的要求。这样逐步提高要求，就可以有效地达到预期的目的。心理学家把这种提出一个大要求之前，先提出一个容易接受的小要求，从而使较大的要求更容易被对方接受的现象称为"登门槛效应"。

日常生活中有许多运用登门槛效应的例子。比如一个推销员，当他可以敲开门，跟顾客进行交谈时，他已经取得了一个小小的成功。在这种情况下，如果他能够说服顾客买一件小东西，那么，他再提出进一步的要求，就很可能被满足。男士在追求自己心仪的女孩时，也并不是"一步到位"提出要与对方共度一生的，而是逐步通过看电影、吃饭、游玩等小要求来逐步达到目的。

有的孩子问妈妈可不可以吃颗糖果？当妈妈答应他的时候，他可能会提出进一步的要求，那可不可以喝一小杯果汁呢？妈妈通常是会答应的。

为什么会发生登门槛效应呢？当你对别人提出一个微不足道的要求时，对方往往很难拒绝，因为拒绝会显得不近人情。而一旦接受了这个要求，就仿佛跨过了一道心理上的门槛，人就很难有抽身后退的可能。当再次向他们提出一个更高的要求时，这个要求就和前一个要求有了顺承关系，从而使对方顺理成章地接受。在这种情况下，比一上来就提出比较高的要求更容易被人接受。

第八章

职场情商：在职场中叱咤风云

计划是成功的保障

　　计划和目标如同蜜蜂与花朵一样，彼此依赖。有了远大的目标却没有实施计划的人，常常只能够在原地徘徊，而一个合理的计划，则会让他步履稳健地向前迈进。

　　有一年，一群踌躇满志、意气风发的天之骄子从哈佛大学毕业了，他们的智力、学历、环境条件都相差无几。临出校门，学校对他们进行了一次关于人生计划的调查。结果是这样的：27%的人，没有计划；60%的人，计划模糊；10%的人，有清晰但比较短期的计划；3%的人，有清晰而长远的计划。

　　25年后，哈佛再次对这群学生进行了跟踪调查。结果是这样的：3%的人，25年间他们朝着一个方向不懈努力，几乎都成为社会各界的成功之

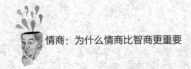

士，其中不乏行业领袖、社会精英；10%的人，他们的短期计划不断实现，成为各个领域中的专业人士，大都生活在社会的中上层；60%的人，他们安稳地生活与工作，但都没有什么特别的成绩，几乎都生活在社会的中下层；余下的27%的人，他们的生活没有计划，过得很不如意，并且常常在埋怨他人、抱怨社会、抱怨这个"不肯给他们机会"的世界。

其实，他们之间的差别仅仅在于25年前，他们是否为自己的人生制订了一个计划。

没有计划的人，很容易受到诸如忧虑、恐惧、烦恼和自怜等情绪的困扰，对自己没有把握，常常感到焦虑和失望。所有这些情绪，都将导致无法避免的过错、失败、失落和不幸，而这些是我们不想看到的。计划可以让我们对未来充满信心，也可以让我们更好地应对工作和生活，不会感到无所适从。

在《卓有成效的管理者》一书中，管理大师彼得·德鲁克说："管理好的企业，总是单调无味，没有任何激动人心的事件。那是因为，凡是可能发生的危机早已被预见，并已将它们转化为例行作业了。"从德鲁克的话中我们可以推导出这样一个结论：好的企业不寄希望于意外的好运气，也从来不会遇到意外的打击，只要按照计划来步步为营，就在不断接近原来的目标。

与一些有计划的人聚在一起，就可以帮助拉开与其他人之间的距离。有计划的企业比误打误撞的企业更团结，更能坚持，更加稳当。好的开始是成功的一半，好的计划就是一个好的开始。任何时候，好的计划都是成功的一道安全门。

要将目标转化为行动，就必须有步骤、有计划地落实。在目标确立以后，制订实施计划，并有步骤、有规律地进行，这是提高效率、实现目标的有力保证。

有没有计划，这是目标能否实现的关键所在。计划不一定要完美，但是拥有计划意识，一定可以帮助我们合理地安排时间，更好地工作和生活。有了计划，我们的日常生活就可以目标明确且有序地进行，检查和总结也有了标准，还能促使个体发挥主体性，激发其热情和潜能。但在制订实施计划时，必须注意以下几方面。

1.计划要与目标紧密结合

计划是实现目标的蓝图，计划也是实现个人理想的行动步骤。一个好的实施计划的制订要与目标紧密联系，也要与个人理想联系起来，因为计划是为实现目标服务的。

2.计划要符合个人的实际情况

制订计划要依据个人的实际情况，如能力、特点、长处和不足、个人的身心健康程度等主观条件，还要符合自己所处的工作环境及家庭情况等客观因素。对上述主客观因素进行综合分析后，拟订出适合自己情况、符合个人目标的具体行动。

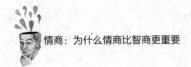

制订计划要切合实际，以能做到或通过努力能做到为宜。计划和目标不可过高，过高难以实现，失败了会丧失信心，妨碍以后的行动。计划和目标也不可过低，过低没有激励作用，不利于提高和发展。

3.时间安排要科学

科学地安排和使用时间是制订好计划的关键。所谓科学安排时间就是要符合"全面、合理、高效"的要求。全面安排时间，就是要结合目标的长短，充分全面利用时间实现目标，但同时也要做到劳逸结合。

4.时间安排应与具体内容紧密结合

实施计划是整个生活中的一部分，若离开了每天的生活，那是行不通的，所以实施计划的时间安排应该与具体生活、学习、工作内容紧密结合。每个人都有自己的实际情况，不能要求统一的时间表，但切记时间安排要合理，要与具体内容密切结合，不能笼而统之，不可空洞无物。

5.坚决执行计划

制订计划是为了实现目标而采取的行动步骤，执行要坚决，要有坚持不懈、不达目的誓不罢休的精神，否则计划只是一纸空文。在执行计划的过程中，应不断总结，随时修正，使计划更符合实际情况。

要知道，成功不是等待，如果我们迟疑，机会就会投入别人的怀抱，永远弃我们而去。在此时，请记住：目标一旦确定，就必须制订计划并立即行动！

自律，让自己的行动规范化

自律是一个人的优良品质，一个人要想担负起责任，没有这种品质是不行的。一个人如果想很好地为自己的公司服务，也必须具备这样的品质。要想有所作为必须要坚持自律原则，选择自己的原则，然后在行动中坚持它。

> 儿子6岁时，父亲带他去牧师家做客。吃早餐时，儿子弄洒了一点牛奶。照父亲定的规矩，洒了牛奶是要受罚的，只能吃面包。牧师热情地再三劝他喝牛奶，可儿子还是不肯喝。他低着头说："我洒了牛奶，就不能喝了。"后来，牧师看见了坐在餐桌上正在吃早餐的父亲，以为是儿子害怕父亲说他才不敢吃，于是找了一个借口让父亲离开了餐厅。
>
> 接着，主人又拿出更多好吃的点心劝小男孩吃，但小男孩还是不吃，并一再说："就算爸爸不知道，可是上帝知道，我不能为了一杯牛奶而撒谎。"
>
> 主人觉得十分震惊，把父亲叫进客厅说了这件事。父亲解释说："不，他并不是因为怕我才不喝的，而是因为从心里认识到这是约束自己的

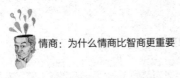

纪律，所以才不喝。"

自律是一种美德，无论做什么事都要严格要求自己。因为我们这样是对自己负责，并不是为了做给别人看，所以有没有人监督我们并不重要。

> 杰克·韦尔奇认为，一名优秀的职员应该具备出色的自律能力，若他缺乏自律能力，是无法胜任任何职位的，当然，最终他也不会成为一名好职员。一名初入歌坛的歌手，他满怀信心地把自制的录音带寄给某位知名制作人。然后，他就日夜守候在电话机旁等候回音。
>
> 第一天，他因为满怀期望，所以情绪极好，逢人就大谈抱负。第十七天，他因为情况不明，所以情绪起伏，胡乱骂人；第三十七天，他因为前程未卜，所以情绪低落，闷不吭声；第五十七天，他因为期望落空，所以情绪坏透了，拿起电话就骂人。没想到电话正是那位知名制作人打来的。他为此毁了期望，断送了前程。

一名优秀的职场人士一定要清醒地认识到，在公司上司加强员工纪律性的时候，必须服从上司，没有什么条件可言。要知道，纪律比什么都重要，它是每个人保持工作动力的重要因素，是最大限度发挥潜力的基本保障。对纪律性的正确认识和执行观念，将成为事业成功的重要因素之一。

企业制度是员工个人成长的平台。有些员工没有认识到遵守企业制度的重要性，他们以为规章、制度等规范都只是企业约束、管理员工的需要，对此他们往往持排斥的态度，表面上遵守，内心深处则是一百个不愿意，在没有监督的情况下，往往会做出一些违背公司规章制度的事情。那么，如何提高自己的自律能力呢？我们可以遵循以下几个步骤。

1. 正确思考

如果不开动脑筋，就不可能把事情做好。剧作家乔治·萧伯纳说："在一年之中有两到三次用心去认真思考问题的人不多。我之所以在世界上有点名声，就是因为我每周都认真思考一到两次。"如果我们始终让大脑保持活跃，经常考虑富有挑战性的问题，不断思索需要认真对待的事情，我们就能培养起有规律的思维习惯，这对于控制我们的个人行为将会很有帮助。

2. 合理控制情绪

著名作家奥格·曼狄诺说过："强者与弱者的唯一区别在于，强者用行为控制情绪，而弱者只会任由情绪主宰自己的行为。"衡量一个人自制力强弱的关键，就在于他是否能够有效地控制自己的情绪。

3. 行为规律化

富兰克林在《我的自传》中，将自制称为自己获取成

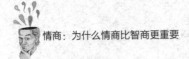

功的13种美德之一，认为自己之所以能够取得如此骄人的成就主要获益于"做事有定时，置物有定位"的良好习惯。我们应当像富兰克林那样，学会控制自己的行为。

4. 强化工作习惯

自制力意味着在合适的时间，为了适当的理由去做需要做的事情。总结一下自己的首要任务和行动，看看自己的方向是否正确，每天做些必须做但又让自己不那么愉快的事，以培养自制力。

5. 挑战自我

为坚定我们的信念和决心，选择一项超出自己的想象的任务，全身心投入其中并完成它。为此，要求我们思维敏锐，行动规律化。坚持下去，我们会发现自己能做到的远远超出自己原先预期的。

打破心墙，相互合作

"合作"在发展宏伟事业中，是最重要的一个单词。在家庭事务中，在夫妻关系中，在父母与子女的关系中，特别是在事业的发展中，"合作"这个词，扮演了一个极为重要的角色。每个人的能力总是有限的。有些人精力旺盛，认为没有自己做不到的事。其实，精力再充沛，个人的能力还是有一定限度的。超过限度，就是人所不能及的，也就是你的短处了。每个人都有自己的长处，同时也有自己的不足，这就要求我们在职场中，要学会珍惜，学会关爱同事，要打破心墙，与人合作，用他人之长补己之短。

在一个公司里，人们如果像大雁一样，遇到困难时，互帮互助，共同抵抗，危难关头时，首先想到的是同伴的安全，结果会怎样呢？答案是毋庸置疑的，不仅整个公司会成功，每个成员的能力也都会得到提升。帮助别人就是帮助自己，在帮助别人的同时，也会让自己更成熟，这种成熟是一种职业上的成熟。

生物科学家曾做过一个有名的实验：将一小群工蚁放到一个适合筑窝的地方，出于本能，这些小蚂蚁会立刻动手建筑蚁穴。但当蚂蚁的数量小于一定级别的时候，这些忙碌而勤奋的蚂蚁只会建造半个门拱，它们会反复建筑许多半个门拱，就是无法建起一个完整的门。

当达到一定数量级别时，那些乱哄哄的蚂蚁好像突然得到完整的建筑图纸一样，一下子变得有序起来，不一会儿，一个完整的蚁门就会完成。

一小群蚂蚁为什么不能建立一个蚁门，而大群蚂蚁却可以轻而易举建起蚁门？原因或许就与蚂蚁团队的分工合作有关。其实企业的发展也一样，需要每个人的协同配合，这就要求每一位成员都要具备强烈的合作意识，注重

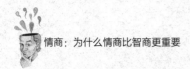

与其他同事之间的合作。任何一个企业，如果每个人都只做他自己想做的事情，没有一点配合他人的精神，那么，这个企业就没有什么目标可以达成了。

14世纪，只有教堂里才有风琴，而且必须派一个人躲在幕后"鼓风"，风琴才能发出声音。有一天，一位音乐家在教堂举行演奏会，一曲既终，观众热烈鼓掌。音乐家走到后台休息，负责鼓风的人兴高采烈地对音乐家说："你看，我们的表现不错嘛！"音乐家不屑地说："你说我们？难道是指你和我？你算老几？"说完他又重回台前，准备演奏下一首曲子。但是他按下琴键，却没有任何声音。音乐家焦急地跑回后台，对鼓风的人低声下气地说："是的，我们真的表现得不错。"

一位音乐家没有他人的配合，他便无法完成演出工作。同样，一个天才没有别人的协助，那他也只能做个平凡的人。个人的力量都是有限的，要想到达目的地，我们就要学会打破心墙，学会与同事合作。那么，如何打破心墙呢？那就是沟通。

在西门子公司里有一项特别的制度——PMP（Performance Management Process），这是公司内部成员交流的一种方法，是一个在全年不断持续的交流过程。PMP会议分为PMP圆桌会议和PMP员工对话两部分。

PMP圆桌会议每年举行一次，参加的是公司管理人员：中高级经理和人事顾问。在圆桌会议上，参与者对公司的未来进行预测，回顾过去1年自己的业绩，提出改进建议，制定具体的管理措施等。

而PMP员工对话在1年中随时持续进行，由经理人员和员工参加，并在会后填写"PMP员工对话表格"。这些表格经过汇总成为圆桌会议的重要参考资料。在PMP圆桌会议上，对有关员工发展的所有方面（潜能、薪酬、管理学习培训等）做出明确的决定和计划。而且每一次这样的对话活动结束之后，西门子都会对结果进行跟进、落实和存档。这样才可以为员工制订出一个持续发展的计划。

可见，沟通的重要性，所有人都发挥自己的优势，那么企业才能和谐发展。所以，每一位职场人士都必须主动加强与同事之间的沟通，提高自己的合作精神。

金字塔是一个群体建设起来的；即使一个人爬上珠穆朗玛峰也是别人配合的结果；一个宇航员登上了月球，也是别人配合的结果。没有人能仅靠自己就能获得成功，只

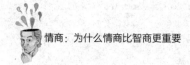

有懂得多向别人学习，多寻求别人的帮助，多与同事形成相互帮助的同盟，才能通过整合彼此的资源，取长补短，增强自己的优势，让事业的道路越走越开阔。

独木难成林，一人难为众，单凭自己的力量难以生存，此时，唯有协作，才能产生强大的竞争执行力。生命的河流总是曲曲折折，人生的路也不免坎坎坷坷，困难就像一块巨大的拦路石挡在我们必经的路途上。面对这块巨石，我们不能回避、退缩，而是应当真诚地与他人协作，发挥集体的力量，渡过一个又一个难关。只有把自己的能力与别人的能力结合起来，才能增强我们的竞争执行力，才能取得更大的成就，我们的人生之路才能走得更远、更顺畅。

当今社会将是一个集团竞争、团队至上的时代，所有事业和成就都将围绕着集体、团队而展开。有了团结合作这一笔财富，个人和公司才能在残酷的竞争中求得生存。

效率才是硬道理

把时间和精力放在最重要的事情上，才能用更少的时间做更多的事。在我们的工作中，事实上是由20%的关键工作在发挥80%的效能，所以，就算我们花了80%的时间，也只能取得20%的成效。但如果我们把时间花在解决这些关键的少数问题上，我们只需要花20%的时间，就可以取得80%的成效。

我们强调的效率是掌握良好的工作方法，而不是延长工作时间。有些人非常繁忙，似乎有许多事情要做，他们也常常为了完成任务而拼命加班，但所有的时间管理专家都不鼓励你为完成工作任务而延长工作时间，因为那样只会把工作的战线越拖越长，提高时间利用率、提高工作效率才是正确的解决之道。整天像一只无头苍蝇一样忙个不停的人是不会有高效率的。

我们提倡在工作中提高效率，更快更好地完成任务，并不是说要以延长工作时间，甚至是牺牲自己的休息时间为代价。强迫自己工作，只会耗损体力和创造力。解决这一问题的关键仍是找方法，找到了合理的工作方法，不但能够保证工作高效地完成，你还能从中享受到工作的乐趣。我们需要时间暂时停下工作，而且要经常这么做。每当你放慢脚步，让自己静下来，就可以和内在的力量接触，获得更多能量，重新出发。一旦我们能体会工作的过程比结果更令人满足，我们就更乐于工作了。

勤奋造就高效，高效产生业绩。美国小说家马修斯说："勤奋工作是我们心灵的修复剂，是对付愤懑、忧郁症、情绪低落、懒散的最好武器。有谁见过一个精力旺盛、生活充实的人，会苦恼不堪，可怜巴巴呢？"

松下幸之助说："忙碌和紧张，能带来高昂的工作情绪；只有全神贯注时，工作才能产生高效率。"仔细分析一下，在工作当中，有哪些事情是你最喜欢拖延的，现在就下定决心，将其改善。不管是天资奇佳的鹰，还是

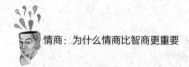

资质平庸的蜗牛，能登上塔尖，俯视万里，都离不开两个字——勤奋。只有勤奋，才有效率和业绩。

做多做少并不是衡量成功与否的标尺，行动的效率才是最有意义的标准。每个行动的力量，不是强大就是软弱；而当每个行动都变得强大有力时，我们就能让自己变得富有。

成功的机会不会白白降临到我们的身上，只有勤奋工作、反复试验的人才有机会获得成功。但遗憾的是，意识到这一点的人并不多，大多数人早已养成了懒惰拖延的习惯。随时都想着"还有明天"，何来工作效率？想想我们在工作中，是不是也常常存在这样主观上的懒惰？

犹豫和拖延的习惯是一个人实现目标的最大阻碍。工作就跟围棋比赛一样，每一步都有时间限制，超时了，我们就自动出局吧！职场就是战场，我们不冲就是死路一条。即使我们天资一般，只要勤奋工作，就能弥补自身的缺陷，最终成为一名成功者。那么，我们该如何提升自己的工作效率呢？

1. 积极主动地倾听

我们经常没有听完对方说的话，就以为自己知道对方的意思了，因此经常造成误会。其实，听比说更重要。借由倾听，我们才能真正了解对方的想法及立场。

2. 以关怀支持的心态说出事实

工作中最容易伤人的是那些没有考虑别人的立场与感受就说出口的话，而这些话通常不具建设性。所以我们必须在语言方面抱有善意，从关怀与支持的角度来述说全部的事实。

3. 保持适当的弹性

当工作中的每一个合作者都坚持自己的观点，而没有一定的弹性空间时，便会出现僵局。当然，对于不可改变的真理与原则我们必须坚持，但是在处世的方法和沟通的态度上，必须保持适当的弹性。

4. 支持所同意的事

对于经过协调而全体同意的事，必须真心地接纳。若是表面上同意，却在私下抱怨，就会产生负面的影响。因此，凡事不要轻易同意，但同意的事就要全力支持。若是同意的事在实行之后失败了，也要共同承担责任，不要互相数落。

5. 分析生活压力

工作或其他生活通常都有高峰和低谷，有时忙得要死，有时较为轻松。假如长期觉得心力交瘁，应重新编订工作程序，及早完成既定任务，腾出时间应付突发或艰巨的任务。假如仍没有改善，应考虑改变做事方式。

6. 勇敢迈出第一步，并坚持到底

万事开头难，可是踏出第一步便不再如想象中那样困难。其实凡事拖延的成因，除了有行动滞后的特点，无非是恐惧失败或顾虑，导致不能尽善尽美，因此消除恐惧的办法是将任务化整为零，按部就班处理自会事半功倍。完成一部分后会信心大增，斗志将更旺盛。

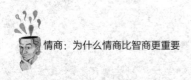

成为落实型人才

任何一件该我们去落实的事，都要立即去做。只有试一试，才知道结果。做，也许会失败；不做，只有失败。

对于一个以落实为习惯的职场人士来说，立即做自己该做的事情是他们有效执行公司目标任务的具体表现。富兰克林说："把握今日等于拥有两倍的明日。"将今天该做的事拖延到明天，而即使到了明天也无法做好的人，占了大约一半以上。所以，应该经常抱着"必须把握今日去做完它，一点也不可懒惰"的想法去努力才行。

美国通用电气公司前总裁杰克·韦尔奇曾经说过："一旦你产生了一个简单而坚定的想法，只要你不停地重复它，终会使之变成现实。"任何时刻，当我们感到拖延苟且的恶习正悄悄地向自己靠近，或当此恶习已迅速缠上自己，使自己动弹不得之际，我们都需要用这句话来提醒自己！"落实型人才"必须要有良好的工作作风。

1. 快速

培养雷厉风行的工作作风，以高涨的工作热情，快节奏、高效率地干好每一项工作，严禁办事拖拉。

2. 准确

培养一丝不苟的工作作风，是认真负责的精神体现，是保证工作质量的关键。

3. 细致

培养周密细致的工作作风，这就要求我们要有不厌其烦的韧劲。

4. 严谨

时刻保持严谨的工作态度和严肃的工作作风。

5. 求实

培养求真务实的工作作风。出实招、说实话、办实事，在任何情况下都不弄虚作假。说老实话、办老实事、做老实人。

在工作中时刻以"快、准、细、严、实"来要求自己，成为一名优秀的"落实型人才"指日可待！

我们必须要明白一个落实的标准：就是解决了问题才算落实。我们可能每天都在拼命工作，但我们不一定每天都在解决问题。但是如果我们没有解决问题，就只能说我们只是在工作，而不能说在落实。

在我们每天按时上班、下班的空闲中，自己是否每天都跟自己总结过：今天自己解决了多少问题？在工作充满问题的时候，自己是否想过，怎样才能保证自己的工作卓有成效？

俗话说，"天底下没有免费的午餐"。老板任用我们就是需要我们来解决工作中的难题，假如问题都被别人解决掉了，我们只需要做现成的、容易的事。这样一份工作，恐怕全世界也很难找到。

在工作过程中，落实型的人，都是自动自发找方法的

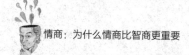

人，他们确信自己有能力完成任务，有方法解决问题。这种人的个人价值和自尊是发自内心的，而不是来自他人，也就是说，他们不是凭着一时的冲动做事，也不是只为了老板的称赞，而是自动自发地、不断地追求卓越。

做一个落实型人才，要恪守精益求精的准则。精益求精，是一个职场人士专业度和敬业度的最好体现。要做就做到最好，否则就拒绝执行。因为这样公司将会安排更合适的人来做这个工作。不论什么行业，什么工作，这是每一位立志做落实型员工的人都应秉持的工作信念。"要做就做到最好"，这是一种高度的自驱力，一种找准目标绝不放弃的执着精神，一种知道自己该干什么以及怎样干的负责精神。

精益求精的反面是应付了事、虎头蛇尾。马虎工作对组织造成的危害，要远远超过拒绝执行。而糊弄工作的最终结果只能是让我们成为"职场滞销品"。

要做就做到最好，否则就让给更好的人来做。作为一位优秀的职场人士，做任何事情都要力求做到最好，即使是打扫卫生，也要打扫得最干净。从每一件小事情做起，把每一件事情做到最好。卓越是一个从平凡到优秀的过程，卓越的人有远见卓识而不人云亦云，卓越的人追求效率而永不懈怠，一个追求卓越的人，必定是充满自信、勤奋忘我、拼搏进取、坚持落实的人。只有努力工作，懂得落实并且不甘于平庸的人才能得到更多的回报，而那些被动面对生活和工作的人，只能与平庸为伍。

事实上，面对激烈的竞争，每个人都应该不断地超越平庸，追求卓越，坚持当日事当日毕、当日事当日清。不安于现状、追求完美、精益求精，是成为落实型人才的必备素质。落实型人才的与众不同之处就在于这样的人无论做什么，都力求达到最佳境界！

提高学习热情

职场中没有永远的红人，再优秀的人才也会"折旧"。企业购置的机器设备都会按一定年限折旧，这是谁都明白的道理。同样，随着知识更新速度的加快，就业竞争日趋激烈，人们赖以生存的知识、技能也会随着岁月的流逝而不断地折旧。所以，我们每个人都要在课余时间及时为自己充电，不要"吃老本"，通过学习弥补自己的不足，夯实自己的优势。

美国管理学者华德士提出："21世纪的工作生存法则就是建立个人品牌。"他认为，不只是企业、产品需要建立品牌，个人也需要在职场中建立个人品牌。要告别"本领恐慌"，更好地面对职场危机，我们就要为自己树立良好的个人品牌。如何才能让个人品牌永不落呢？那就需要不断地学习。

对于职场人士而言，我们处在一个企业当中，如果一个企业有一种学习的氛围，所有人都会被带动。当学习变

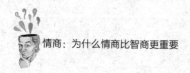

成一种大家共同的活动，学习对于整个团队的影响将会是非常巨大的。而一个企业、一个成员优秀与否，主要看他是否能应付随时随地可能发生的任何变化。变化，是无可避免的，是必须面对的，而一名带着思想工作的职场人士总是能顺利地应付这些不可预料的变化，并把工作做得更出色。当然，企业对这样的成员也会更加倚重。要想应付这些突如其来的变化，最直接、最有效的方法就是不断给自己"充值"！

工作中充电可以让我们的知识与实际业务相互结合。学生时代我们总抱怨学习的知识过于空泛无用，但在职进修就不同了，因为工作一段时间之后，就会发现自己需要的工作能力有哪些，应该补充的部分是什么。有了明确的目标再进行充电，能够更有效地增加自身的知识，而且充电之后，可以更从容地面对工作。

有一句美国谚语说："通往失败的路上，处处都是错失的机会，坐待幸运从前门进来的人，往往忽略了从后门进入的机会。"只有对工作勇于负责，每天都有所改变、有所进步的人，才能够成为一个卓越的人才，才能抓住机遇，顺势而上。

在现今的企业环境里，没有打不破的铁饭碗。你的工作在今天可能不可或缺，可是这不意味着明天这个职位仍然有存在的必要。无论是谁，除了努力工作，都应把一部分精力放在自己的再学习上。

团队有好的学习氛围非常重要，但是我们每一个成员，都应该主动学习。因为外因都是通过内因起作用的。主动学习、让自己升值是每一名团队成员的职责。当然，在职场上奋斗人的学习有别于学校里学生的学习，因为缺少充裕的时间和心无杂念的专注，以及专职的传授人员，所以积极主动的学习尤为重要。下面为大家提供几种适用于职场的学习方法，供大家参考。

1. 在工作中学习

工作是任何职业人员的第一课堂，要想在当今竞争激烈的商业环境中胜出，就必须学习从工作中吸取经验，探寻智慧的启发，获取有助于提升效率的资讯。

通过在工作中不断学习，你可以避免因无知滋生出自满，进而损及你的职业生涯。不论是在职业生涯的哪个阶段，学习的脚步都不能稍有停歇，要把工作视为学习的殿堂。你的知识对于所服务的公司而言可能是很有价值的宝库，所以你要好好自我监督，别让自己的技能落在时代后头。

2. 争取培训的机会

很多公司都有自己完备的员工培训体系，培训的投资一般由公司作为人力资源开发的成本开支，而且公司培训的内容与工作紧密相关，所以争取成为公司的培训对象是十分必要的。如果你觉得自己完全符合条件，就应该主动向老板提出申请，表达渴望学习、积极进取的愿望。老板对于这样的成员是非常欢迎的，同时技能的增长也是你升迁的保障。

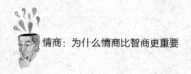

3. 注意自修，补抢先机

在公司不能满足自己的培训要求时，也不要闲下来，可以自掏腰包接受"再教育"。当然首选应是与工作密切相关的科目，还可以考虑一些热门的项目或自己感兴趣的科目，这类培训更多意义上被当作一种"补品"，在以后的职场中会增加你的"分量"。

4. 多读书，读好书

犹太人是最爱读书的民族，古代犹太人将书看得破旧不能再看了，就和孩子一起挖个坑庄重地将书埋葬。他们对孩子说："书是有生命的东西。"他们还在自己的经典上涂上蜂蜜，让不识字的孩子去吻。犹太人的孩子很小的时候就知道书其实是甜的东西。我国古代也有说法为"书中自有黄金屋"。总之，读书是一个非常有效的提升自我的途径。

第九章

领导情商：修炼"一览众山小"的领导力

领导者应具备的基本素质

俗话说得好，"火车跑得快，全靠头来带"。一个企业要有好的作风，要让员工们都像军人那样战斗英勇、纪律严明，领导的作用非常大。领导是一个团队的灵魂人物，他的情商往往决定着一个队伍的气势，一个将领可以毁掉一个团队，同样一个将领也可以成就一个团队。

真正的领导者是能影响别人，使别人追随自己的人物，他能使别人参加进来，跟他一起干。他鼓舞周围的人协助他朝着理想、目标和成就迈进，他给了他们成功的力量。职务只是让领导者有了一个更好的平台，并不是有职务就一定有领导力，没有职务也可以具有良好的领导力，因为领导力主要是对他人的一种影响力。

领导力专家琼斯说："处于任何层次的职员都可以对整个组织做出自己的贡献，每个人都能以这种方式发挥其领导力。"我们每个人都应该修炼个人领导力以推动自身

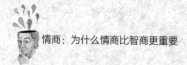

与企业的发展。不需要身处高位，企业中的班组长和普通员工也可以修炼领导力。

泰勒在《科学管理原理》中说："我们将来会认识到，老的人事管理体制下的任何一个伟大人物都不能和一批经过适当组织而能有效地协作的普通人去比较高下。"约翰·科特的理论属于领导特质理论。在深入研究了各种来自不同行业、不同公司的成功的总经理之后，约翰·科特研究发现，尽管这些被调查的总经理在举措、风格和行为模式上有着极大的差异，但总体上看，成为优秀领导者所需具备的基本素质要求平平，大部分人都具备，后天的经历才是关键因素。

一个高情商的领导可以带活企业，然而一个低情商的领导会阻碍企业前进的脚步。每一个领导的决策都是希望自己可以把公司带进更好的发展空间。但是一个团队要面临的问题非常驳杂，每一个领域都需要有专业的人士来管理。如果仅仅按照领导自己的喜好来运用权力，最后就可能让人才流失，适得其反。那么，怎样的人才能成为优秀的领导者呢？科特由此推论出他认为一名优秀的领导者应具备的基本素质有以下几种。

1. 领导者应该有魄力、野心和精力

这种"雄心壮志"或许是成年之前就已经形成的最明显的特点之一，在后天的成长经历中或被压抑，或被弘扬。只有具有旺盛的内在动力，不满足于现状，渴望发展的人，才能获得成功。没有这种内在的驱动力，就不可能让一个人保持上进和追求的精神，就不能全力以赴地投身事业。

2. 领导者应该有某种超出常人的基本智力

有卓越领导才能的人不一定是天才，但他们往往在关键方面略胜一筹。面对大量不同的信息，领导者需要分辨真伪，提取有用、重要的信息，找出信息之间的相互联系，继而判断局势，做出决策。这是一项具有相当难度、相当复杂的任务，敢作敢为、当机立断的魄力，来自智力的支持。这一品质的形成，与童年时所受的教育密切相关，但在具有这一品质的前提下，成年经历对其起扩展作用。如果基本智力不足，领导者就难于在复杂环境中确立正确的方向。

3. 领导者应该有健康的心理和精神

自恋、偏执或者高度的不安全感很少出现在优秀的领导者当中。他们与人进行接触、交流时，会正确看待问题，这源于他们的内心健康，而这正是处理人际关系的重要素质。只有非常注重与他人联系，准确把握他人的情感和价值观，才能处理和协调人际关系，动员全体成员向着共同目标协作努力。缺少起码的心理和精神健康，在处理人际关系上就很难与他人合作，有可能对问题歪曲和误解，进而可能使确立的远大目标存在缺陷，导致偏差。

4. 领导者应该有良好的品格

我们常说到人格魅力，人格可以形成强大的磁场，让很多人心悦诚服地辅助他、支持他。俄国总统普京是一个

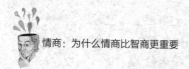

标准的草根平民，但是凭借他的出色能力和为人谦和正直的人品，在军事求学道路上顺风顺水，很快就进入了政坛高层。野心勃勃、干劲十足、才能非凡但缺乏正直感的人，更容易引起他人的防范之心。正直与否，主要受一个人成年后的经历的影响，但所受教育也具有相当重要的作用。

以上四种品质，在科特看来是对重要领导职位的最低要求。但是他也相信，极少有人能够高水准地同时具备。取得成功的领导者，不要求他各方面都非常优秀，只要求他不存在品质上的重大缺陷。对于很多目前的领导人来说，与其花大量的精力培养某一方面的特长，不如从自我的整体素质考虑。

领导力还体现在沟通交流能力无论在生活中还是工作中都十分重要。一个善于与别人交流的管理者，可以让自己的设想被部下所理解与接受，因此能保证命令的可靠执行，也可以得到部下的充分信任，让部门中充满团结协作的气氛。

眼精耳明，用人之道

一个高情商的领导者在用人方面是非常独特的，他们知道只有雇用比自己更加优秀的人，团队才会充满希望。领导者要知道人才的重要性，人才济济的地方，才会充满希望和前景。

美国奥格尔维·马瑟公司总裁奥格尔维在一次董事会上，为每个人都准备了一个俄罗斯套娃："大家打开看看吧，那就是你们自己！"当大家陆续打开这些娃娃时，里面一个比一个小。最后的一个娃娃里面有一张奥格尔维写的纸条。"如果你经常雇用比你弱小的人，将来我们就会变成矮人国，变成一家侏儒公司。相反，如果你每次都雇用比你高大的人，日后我们必定成为一家巨人公司。"这件事给每位董事留下很深的印象，在以后的岁月里，他们都尽力任用有专长的人才。

不过一个人才的力量是有限的，只有没有限制的人才集合才能最大化地发挥人才规模效用。在这一点上，海尔做得比较出色。海尔在人才观念上强调共享，共享是推倒人与人头脑之间的那堵"墙"的关键。在海尔，无论是海尔电脑，还是海尔其他事业部，所有好的方法都是共享的、无边界的。这就要求领导者尽量做到不拘一格用人才。

在一次工商界的聚会中，几个老板大谈自己的经营心得。

其中一个老板说："我有三个毛病很多的员工，我准备找机会炒他们的鱿鱼。"

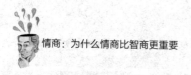

另一位老板问："为什么要这样做呢？他们有什么毛病？"

第一个老板说："一个整天嫌这嫌那，专门吹毛求疵；一个杞人忧天，老是害怕工厂有事；另一个喜欢摸鱼，整天在外面闲荡鬼混……"

第二个老板听后想了想说："这样吧，把这三个人让给我吧！"

第二天，这三个有毛病的员工到新公司报到，新的老板什么也没有说就开始给他们分配工作：喜欢吹毛求疵的，负责管理质量；害怕出事的人，负责安全保卫及保安系统的管理；喜欢摸鱼的人，负责商品宣传，整天在外面跑。

这三个人一听分配的职务，和自己的个性相符，不禁大为兴奋，都兴冲冲地走马上任了。过了一段时间，因为这三个人的卖力工作，居然使工厂的营运绩效直线上升。

同样的三个人，在不同的岗位业绩完全不同。在一个团队中，发挥每一个团队成员的个人优势是十分重要的，而一个高情商的领导就要明白如何利用他们的优势。领导者就要眼精耳明，注意考察周围的人。如何考察？这就需要每一个领导者的心中有一杆秤，平时注意留心各式各样的人才，善于发掘员工的优势，在关键时刻能派上用场。

成功心理学创始人之一、盖洛普名誉董事长唐纳德·克利夫顿说："在成功心理学看来，判断一个人是不是成功，最主要的是看他是否最大限度地发挥了自己的优势。"

科学研究发现，人类有400多种优势。这些优势的数量并不重要，最重要的是我们应该知道每个团队成员的优势是什么，之后要做的就是将团队的协作建立在成员们的优势之上，搭配成最有力的组合，使团队的力量达到最强！

每个人身上都带着一定的残缺，但是恰到好处的配合却可以弥补这种残缺，"巧匠无废砖"，如何利用好不同的残缺，这正是很多领导者面临的一个难题，需要在不断的尝试和总结中找到答案。

有这样一个故事：一个小女孩到了向往已久的迪斯尼乐园，还幸运地遇到了乐园的创办人沃尔特·迪斯尼。小女孩激动地问道："您真伟大！您创造了这么多可爱的动画朋友！"

沃尔特·迪斯尼微笑着回答："不，那些是别人创造出来的，不是我的功劳！"

小女孩又好奇地问："那些可爱朋友的有趣故事应该是您创作的吧？"

老人还是平静地笑着："也不是，是许多聪明的富有想象力的作者和制作员想出来的！"小女孩认真地打量着自己心目中的大人物，不甘心地问："可是……可是您到底做了些什么呢？"

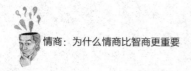

　　　　沃尔特·迪斯尼爽朗地笑了，抚摸着小女孩
的头，说："我所做的就是不停地发现这些人，
把他们召集在一起啊！"

　　那些真正做大生意、赚大钱的人大都是利用别人的智
慧赢得财富的。借助别人的智慧来为自己办好事情，不需
要什么事情都亲自去做。我们只需要比别人知道的多一
些，看到的问题多一些，然后安排人来解决这些问题。简
而言之，不需要我们亲自动手的就放手让别人去做。

　　精明的领导者善于用人。也许我们可以凭借自己的
勤奋和聪明才智获得一定的财富，但是如果我们能把自
己和别人的想象力与智慧完美地结合起来，那不是更完美
吗？放弃可以借用的头脑和智慧，恰好证明自己没有头脑
和智慧。

管理情绪，注意"踢猫效应"

　　任何一个人，都可能成为一名出色的管理者。但真正
成为管理者的人数并不多，这并非谁有管理的天分，只是
大多数人都没有注意到管理情绪这个问题。管理者需要有
些比非管理者更出色的能力，而这些能力并不神秘，只要
注意，我们都可以做到。心理学上有一个"踢猫效应"的
故事就形象地说明了这一点。

一个公司老板因急于赶时间去公司，结果闯了两个红灯，被警察扣了驾驶执照。

到了办公室，他把秘书叫进来问道："我给你的信打好了没有？"她回答说："没有。我……"老板立刻火冒三丈，指责秘书说："不要找任何借口！赶快去做。如果你办不到，我就交给别人，虽然你在这儿干了3年，但并不表示你将终生受雇！"秘书用力关上老板的门出来，抱怨说："真是糟透了！"

秘书回家后仍然在发怒。她进了屋，看到8岁的孩子正躺着看电视。在极其愤怒之下，她嚷道："我告诉你多少次了，放学回家要做作业，以后不许看电视！"

8岁的儿子一边走出客厅一边说："真是莫名其妙！妈妈也不给我机会解释到底发生了什么事，就冲我发火。"就在这时，他的猫走到面前。小孩狠狠地踢了猫一脚，骂道："给我滚出去！你这只该死的臭猫！"

这个故事说明了坏情绪是可以传染的，如果领导者把这个情绪带给周围的人，那么这个坏情绪有可能像滚雪球一样越来越大。

作为领导，最主要的就是让下属尊敬和追随？这样才能体现自己的领导力量，但权威已经不再是收人心的方式，它只会让领导者的情绪扩散，产生不好的效果。然而

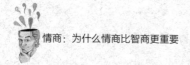

一个高情商的领导知道人格魅力是重中之重，人格魅力也可以形成扩散作用。

如果你想做团队的老板，则你的权力主要来自地位，这可以来自上天的缘分或凭仗你的努力和专业知识；如果你想做团队的领袖，则较为复杂，你的力量源自人格的魅力和号召力。领导者只有把自己具备的素质、品格、作风、工作方式等个性化特征与领导活动有机地结合起来，才能较好地完成执政任务，体现执政能力；没有人格魅力，领导者的执政能力难以得到完美体现，其权力再大，工作也只能是被动的。

人格魅力是由一个人的信仰、气质、性情、相貌、品行、智能、才学和经验等诸多因素综合体现出来的一种人格凝聚力和感召力。有能力的人，不一定都有人格魅力。缺乏优秀的品格和个性魅力，领导者的能力即便再出色，人们对他的印象也会大打折扣，他的威信和影响力也会受到负面影响。

拿破仑在一次与敌军作战时，由于敌军实力过强，因此拿破仑一连战败。在长达三天三夜的顽强抵抗后，队伍损失惨重，形势非常危险。就是这个时候，拿破仑也因一时不慎掉入泥潭中，被弄得满身泥巴，狼狈不堪。

面对这突如其来的狼狈，拿破仑丝毫不受影响。因为他内心只有一个信念，那就是无论如何也要打赢这场战斗，他要听到胜利的号角。只听他大吼一声："冲啊！"他手下的士兵见到他那副滑稽模样，忍不住都哈哈大笑起来，同时也被拿破仑的乐观自信所鼓舞。

一时间，战士们群情激昂、奋勇当先，终于取得了战斗的最后胜利。

这个故事告诉我们，如果拿破仑在绝望的时候也放弃了，那么这场仗肯定会失败。然而正是拿破仑的积极情绪得到了扩散，才鼓舞了士气，取得了胜利。

情绪智力影响领导有效性，但要想成为高情绪智力的领导者并不是一件容易的事情。作为领导者，应该重视对自身的情绪智力的开发和培养，提高领导效能。

正确识别自身和他人情绪是提高情绪智力的基础。领导者可以通过以下几个方面来提高情绪识别的能力。

第一，关注自身情绪。领导者首先必须对自己的情绪给予关注，从而对自己的情绪有准确的认知。

第二，学会准确表达自身情绪。准确地表达自身信息并能使他人准确接收是进行有效沟通和交流的基础。领导者首先必须学会运用语言或非语言的信息准确地表达自己的情绪。

第三，善于识别他人情绪。领导者要善于从一些细微的线索认知他人的情绪，这些线索包括：他人的面部表情、言语的语调和节奏、手势和其他身体语言等。

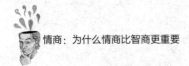

过去企业往往流行的是独裁的领导风格。领导层的管理方式十分严苛，不能忍受别人犯错，一经指示便希望别人一丝不苟地把工作做得最好。这是一个传统的管理方法，现在已经很少被人采用，因为这类的主管较少受人爱戴。今天所有的企业都在讲究人性化管理，"以人为本"的口号也已经喊了很多年。人性化管理越来越被重视，人与人之间的微妙关系十分重要，正确地处理这些关系做起事来会让领导者觉得得心应手，所以在管理的时候，领导者应当管理好自己的情绪，避免出现"踢猫效应"，降低自己的领导力。

因势利导，果断决策

无论哪种领导者，都必须具备的一个特质就是决断力，当断则断，不断则乱。政治家最讨厌的事情就是做出决定，因为决定意味着取舍和承担责任。但是领导者，尤其是企业的领导人，正是在决断这一领域中唯一可以指望的人，是整个团队的操盘手，即使决断痛苦，也必须勇敢和毫无迟疑地做出。实际上，任何一个决策都有风险，即使我们的可行性分析报告十分完备。因此，作为领导者，在决策之前可以相当民主，不断听取同事和副职的意见和建议，但在决策的时候只能是孤家寡人，只能变得集中和专制，毫不犹豫做出你的判断和决定。即使失败了，也只能在失败的教训中不断成长和成熟。

高情商的领导者总是无为而有成，让下属充分施展才华，这是果断决策的表现。其实，就算有的下属真的把事情办砸了，不过是让其他人看到"此路不通"，为整个团队多积累一些经验；但是如果完全不敢放手让下属做事，不仅是领导者要多操心多担待，还让团队失去了重要的智慧来源。魄力的背后都是风险，只能看领导者有没有魄力来承担这样的风险了。

现在连锁店容易形成规模效应，产生良好的经济效益。曾有一位连锁店的总经理分享了自己的管理经验。

他手下的区域经理致电邀请他去帮忙，看看某个区位是否适宜开分店。他对这个区域经理说："我一年也未到过你的区三次，我怎么知道哪个区位人流多，哪个区成交多。你这样说，是不是想推卸责任，将来分店成绩不好，推说这是我推荐的。你想加开分店，就得承担责任。"

他把这个故事在区域经理的会议上说了一次，后来就没有人再敢来邀请他去寻店。开分店的速度也大为提高。

他之所以这样做，就是因为他很清楚，一旦去帮忙，就会忍不住发表意见，而下属往往会倾向尽可能依上司说的去做。这样就抹杀了他们的

思想、经验了。这位主管只在总部留意公司的财政情况，不让公司扩展的速度超越承担能力。凡是赚钱的区域经理所提出的增设分店建议，"他够胆提，我就够胆批，没有一间因我有不同意见而开不成"。

敏锐的政治家可以从宴会中捕捉到微小的政治信号，这是一种专业素养；敏锐的领导者也可以从日常的生活和见闻中捕捉到商机，这是一种领导力。借着已经成形的潮流来发展自己，这比凭借一己之力的奋斗要来得快，来得轻松很多。

领导者要运用顺势思维，关键在于找到势，根本的势是市场之势，是顾客的需要。一个优秀的领导，可以从一瞬的灵光开辟一个崭新的市场，可以从一个绝妙的主意开创一份事业，可以从一个微妙的细节救活一个企业，可以从一次握手聚拢一批人才。决策伴随着企业家和经理人管理生活的始终，无论是在企业发展的哪一阶段，领导者都必须明确自己想要达到的目标及实现的可能，都必须审慎地认识到决策的有效性及可操作性。当企业高歌猛进、一路狂飙时，领导者应该冷静地思索可能出现的危机，而不是妄自尊大地冒进。

管理方面的大师德鲁克认为，决策是领导者特有的任务，决策需要注意下面五方面的问题。

第一，必须明确所要解决问题的性质。有些属于常规问题，有些则是偶发问题。决策者常犯的错误在于，把常规问题当作一连串的偶发问题，或者是把一个新的常规问题开始当作是偶发问题。决策者必须根据情况变化，敏锐地把握市场，真正搞清楚你所面临的是什么性质的问题。

第二，要明确所要解决问题的"边界条件"，即决策的目标是什么？决策想达到什么样的目的？达到这个目的需要哪些基本的条件？市场的变化能不能实现这些条件？企业自身的状况能不能解决所面临的问题？

第三，解决问题有哪些方案？这些方案需要具备什么样的条件？如果要实现自己的方案，可能遇到哪些阻力？应该做出哪些必要的妥协？要怎样沟通才能达成共识？

第四，有效的决策必须能够执行和操作。

第五，在执行决策过程中，还应该重视反馈，以便印证决策的正确性和有效性。

领导者扮演着运筹帷幄的角色，决胜还要靠千里之外的大军。士兵的生死和企业的成败就在领导者做出决策之间，一个人的武艺总归有限，但是一个人的智慧却可以超过千万人的武艺。

平易近人，聚人心的好途径

很多人认为，员工和领导天生就是一对冤家。人们最常听到的是相互间的抱怨，即使偶尔彼此关心一下，也让

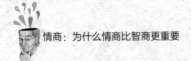

人觉得很虚假。领导和员工真的就不能"兼容"吗？其实不是。

从社会学的角度讲，领导和员工是互惠共生的关系。没有领导，员工就失去了赖以生存的工作；而没有员工，领导想追求的利润也只能是镜中花、水中月。对于领导者而言，公司的生存和发展需要员工的敬业和服从。

对于员工来说，他们需要的是丰厚的物质报酬和精神上的成就感。从互惠共生的角度来看，两者是和谐统一的——公司需要忠诚和有能力的员工，业务才能进行。作为领导者，如果我们和员工在一起，那么我们将多的不是一个员工，而是一个朋友。

不要因为自己是领导觉得了不起，应该把自己看作是一个普通人，与所有人都站在一个起跑线上。生活中最不值钱的就是"架子"。

多一个朋友就会多一条路，无论什么身份的人都希望自己能够有贵人相帮，在关键时候遇上熟人提携。多一个朋友，就少一个陌生人，有时候甚至是少一个敌人，高情商的领导会与员工成为朋友，这样平易近人的做法，无疑是一种聚人心的好途径。

成功的领导者都非常重视听取下属的意见，这不仅是对下属的尊重，更是平易近人的表现。卓有成效的领导者应该认真听取员工的建议和看法，积极采纳员工提出的合理化建议。员工参与管理会使工作计划和目标更加趋于合理，并且还会增强他们工作的积极性，提高工作效率。

领导者利用别人的智慧，来减少决策中的风险，这是很明智的选择。从另一个方面更能看出领导者对员工思想的重视，让员工参与到公司重大的决策上来，这无疑是拉近了领导与员工之间的距离。

对于有一定身份和地位的人来说，放下身段能和大家一样平和相处，非但不失身份，反而更能得到大家的尊重。比如说公司的上司或老板经常与员工在一起，在员工食堂就餐，就更能使员工实心实意地追随，更愿意听老板的指挥。

帕尔梅在瑞典是十分受人尊敬的领导人。他虽曾经贵为瑞典首相，但仍住在平民公寓里。他生活十分简朴，且平易近人，与平民百姓毫无二致。帕尔梅的信条是："我是人民的一员。"

除了正式出访或参加特别重要的国务活动，帕尔梅去国内外参加会议、访问、视察和参加私人活动，一向很少带随行人员和保卫人员；只有在参加重要国务活动时，他才乘坐防弹汽车，并有两名警察保护。

同普通群众打成一片是帕尔梅为人的重要特点。帕尔梅从家到首相府，每天都坚持步行，在这一刻钟左右的时间里，他不时同路上的行人打招呼，有时甚至与同路人闲聊几句。

帕尔梅同他周围的人关系处得都很好。在工

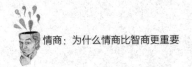

作之余，他还经常帮助别人，毫无高贵者的派头。帕尔梅一家经常到法罗岛去度假，和那里的居民建立了密切的联系，那里的人都将他看作朋友。

帕尔梅喜欢独自微服私访，去学校、商店、厂矿等地，找学生、店员、工人谈话，了解情况，听取意见。他从没有首相的架子，谈吐文雅、态度诚恳，也从不搞前呼后拥的威严场面。这些都使他深受瑞典人民的爱戴。

放下身段，绝不会使高贵者变得卑微，相反，倒更能增强人们的崇敬之情。这样的人把自己的生命之根深深扎在大众这块沃土之中，哪能不根深叶茂、令人敬重！

可见，好的名声，是靠个人的修养、品质、业绩和成就换来的，而不是摆架子摆出来的，架子只是一种无聊的、骗人的东西。真正有品质、业绩和成就的人，绝不会刻意追求架子，事实上，刻意追求架子的人也不可能真正有所作为。所以，领导者要搞好工作，应该与下属保持亲密关系，这样做可以获得下属的尊重。平易近人，不失为领导者聚集人心的好途径。

然而再平易近人的领导也需要有一定的威严，而保持一定的距离才能树立威严。领导要与下属保持心理距离，以避免下属之间的嫉妒和紧张。

适度的距离对于领导者管理工作的开展是有好处的。

当众与下属称兄道弟只能降低你的威信，使人觉得你与他的关系已不再是上下级的关系，而是哥们儿了。于是其他下属也开始对你的命令不当一回事。

领导一方面想当下属的好朋友，另一方面想当好管理者，同时想扮好这两个角色有时会让领导吃力不讨好。但如果能权衡两者之间的关系，不即不离，亲疏有度，那么就会有事半功倍的效果。

赏罚分明，恩威并济

一个团队需要秩序和协作，而秩序需要规则维护，协作亦需要规则的保障，劝说教育人们遵守规则固然重要，但更重要的是制定一套行之有效的规则，让人们"不得不"自觉遵守，这样既可以维护秩序，又可以提高效率。

好领导要靠优秀的团队，维系领导与成员之间关系的是牢固的人伦法则、恩威并济。领袖提供资源，成员努力做事，这是一个良好的理性交换行为，在"利益均沾"的原则下，每个人都会得到好处，集体的资源和人脉可以相互借用，发挥的效果也就更好。

管理者在运用各种激励手段对员工进行奖励的同时，也不能忽视惩罚的作用，既要有"胡萝卜"的奖励，又不能忘了"大棒"的警觉效果。要让员工知道，企业的制度、企业的规则如果被人打破，那么"吃螃蟹"的人就要

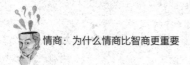

　　受到惩罚。对待违反制度的员工，要采取相应的惩罚措施，虽然残忍，但是要让他记住甜枣后面还有巴掌。高情商的领导都懂得赏罚分明，因为这是平衡员工关系的关键。

　　有的孩子画了一幅画，父母看见以后很高兴，大大表扬了他，但是却没有告诉他表扬他的原因是画的颜色很丰富。那么孩子不明其中原因，以后就会不停地画画，只重数量不重质量，希望再次得到父母的表扬。很多领导者经常会犯这样的错误。他们本来想鼓励员工做正确的事，但却无意间纵容了错误的行为，忽视甚至惩罚了正确的行为。

　　在企业里，管理者就好像员工的家长，他要对员工的行为负责。对员工的激励应该像写文章一样，中心思想要明确，表扬员工时，应要说明表扬的原因，这样才能有的放矢，取得良好的效果。

　　热炉最佳的效果，是给予人的不仅仅是烫，而且有温暖的感觉。企业要在组织内塑造一种热炉效应，营造赏罚分明的企业文化氛围，一方面要鼓励员工行使自身的权利和义务，另一方面应以合理化建议等正常渠道完善惩罚制度，积极寻找更多替代惩罚的其他办法。

　　很多人觉得对待下属要用同一个标准，这样才是公平的，比如赏罚分明。但是对优秀的人和一般的人都一样的奖励，到最后反而起不到奖励的效果。

　　有些人认为区别对待的做法会严重影响到团队精神，但这是不可能的。我们可以通过区别对待每一个人而建立一支强有力的团队。棒球队的每个人都必须认为比赛里有自己的一份，不过这并不意味着队里的每一个人都应该得到同等对待。比赛就是如何有效地配置最好的运动员。谁能够最合理地配置运动员，谁就会成功。区别对待表明了团队对个性的尊重。

领导者要以身作则，在此基础上，领导者要经常教育下属，谁若以身试法，就一定要对其惩处，以儆效尤。惩处必须在错误行为发生后立即进行，坚决不拖泥带水。

不能忽视的是，和奖励机制一样，惩罚机制同样需要付出管理成本，比如监察的手段、人员、机构设置及对员工惩罚之后的后续工作等，都必须有一套严谨的规范制度。而且，相比奖励机制，更应把握尺度和程度。

公平待人，也就是人们常说的"要一碗水端平"。公平原则虽很简单，但真正做到却非易事。对领导者来说，值得注意的有以下几种现象。

1.感情代替原则

例如，对自己的老同事、老部下、知心朋友等，明知不对，也不批评，大事化小、小事化了，或者轻描淡写地说一下，如隔靴搔痒、未及痛处；而对关系疏远或有成见的人，虽然同样性质的问题，却是另一种态度。这种厚此薄彼的做法，最容易助长组织内部的庸俗作风，损害良好的人际关系。

2.缺乏足够的勇气

这主要表现在关键时刻不敢挺身而出、主持公道、伸张正义，而屈服于歪风邪气，屈服于外界压力，结果使好

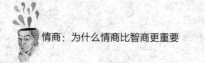

人受冤屈。由此可见，要做到说话公平，领导者必须有无畏的勇气才行。

3.考虑问题不周全引起的不公平现象

那些因工作关系和领导接触多，又常爱做"面子活"的人，可能会更多地受到领导赞许；而那些在基层默默无闻踏实工作的人，可能因为领导的疏忽和不周而更加默默无闻。这是一种无意识的不公平。然而不管怎样，天长日久，都会影响上下级的友好关系。所以，领导者在未做调查研究之前，最好不要轻易对下属的工作加以评价。

第十章

团队情商：打造像雄鹰一样的团队

打造团队精神，创造高绩效团队

什么是高绩效团队？高绩效团队是由员工和管理层组成的一个共同体，该共同体合理利用每一个成员的知识和技能协同工作、解决问题，达到共同的目标。要做到这一点，需要打造一个团队精神。

对于一个团队来说，团队精神的形成并非一日之功，而是经过日积月累才形成的。只有团队成员都具备团队合作的能力，团队精神才能形成。而团队中任何一位成员如果不具备团队合作能力，团队就可能面临分崩离析的危险。

团队精神是一个企业发展不可缺少的原动力，如何形成团队精神便成了每一个企业和企业的每一个成员都必须面对的问题。那么，怎么培养一个团队的团队精神呢？

1.员工必须对团队高度忠诚

团队成员对团队有着强烈的归属感，强烈地感受到自

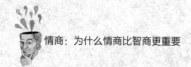

己是团队的一员，绝对不允许有损害团队利益的事情发生，极具团队荣誉感。他们把自己的前途与团队的命运牢牢地系在一起，愿意为团队工作尽心尽力。他们反对个人主义、本位主义及山头主义，在个人利益与团队利益相冲突时个人利益服从团队利益。

2. 员工之间以及员工与领导之间相互信任

高绩效团队的一个特点是团队成员相互高度信任。美国管理学家斯蒂芬·罗宾斯在他的《管理学》一书中，将信任这个概念划分为五个方面。

（1）正直。即诚实、可信赖。

（2）能力。具有技术和处理人际关系的知识。

（3）惯性。可靠，不是变色龙，不朝三暮四，行为可以预测。

（4）忠实。保全别人的面子。

（5）开放。敞开心扉，与他人倾心交流，共享信息。

3. 团队成员相互尊重

决定团队精神形成的最重要原则无疑是尊重。一个特定团队内部的每个成员间能够相互尊重、彼此理解，是团队精神能够形成的基本条件。一个团队工作的全部要点在于，它允许组织依靠员工的思想观点，而且如果组织不尊重那些人的意见，团队工作就不可能成功。人们只有相互尊重，尊重彼此的技术和能力，尊重彼此的意见和观点，尊重彼此对组织的全部贡献，团队共同的工作才能比个人单独工作更有效率。

4. 团队成员不断进取

（1）团队学习。团队成员不断地提高自己的素质，舍得在学习方面进行大量持续的投入，让整个团队弥漫着"活到老，学到老"的气氛。

（2）迎接挑战。每个团队成员都能勇敢地迎接一个又一个挑战，在失败中崛起，从挫折中学习，胜不骄，败不馁，让团队不断地进步。

（3）对外开放。团队充满开放的气氛，鼓励不断吸收新鲜事物，有着很好的对变化实行监测的预警系统与习惯，能对技术的变革做出迅速反应，对价值观的变化做出调整，并经常能创造性地解决问题。

以上几种有效的方式，将有助于形成高效、透明、上进的团队精神。当然，在培养团队精神的过程中，还需要员工与老板之间的鼎力协作，才能打造一个强大的团队。那么员工与老板之间怎么去相互保持一致，最后创造出高绩效团队呢？

只有个人的利益与公司利益、老板利益紧密地结合在一起，企业发展壮大了，员工的个人利益才有可靠的保证。员工个人的事业发展也离不开老板。员工如果处处从老板的角度为其着想，在工作上竭尽所能，才有可能在个人的事业发展上有所建树、有所成就。

同时，员工个人才华的有效发挥和老板的支持是分不开的。员工只有在企业中找到适合自己的工作平台，才能尽可能地施展出自己的所学与专长。

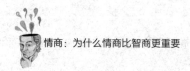

在一个各种制度都完善的公司里，每一个员工的升迁都来自个人的努力，老板所做的只是考察哪些人有资格获得奖励和晋升。有实力的员工都有公平竞争的机会，也正因为如此，员工才能够感觉到自己与公司是一个整体。可见，员工和老板是否对立，既取决于员工的心态，也取决于老板的做法。聪明的老板会给员工公平的待遇，而聪明的员工也会以自己的忠诚予以老板回报。

员工与老板绝不是天生的一对冤家，而是互惠互利、创造双赢的合作者。一般说来，那些时刻同老板立场一致，并帮助老板取得成功的人，才能成为企业的中坚力量，才会使团队变得高效。

帮助员工明确团队角色

西点军校毕业生、西尔斯公司第三代管理者金斯·罗伯特·伍德说："不论再强大的士兵都无法战胜敌人的围剿，但我们联合起来就可以战胜一切困难，就像行军蚁一样把阻挡在眼前的一切障碍消灭掉。"这就要求我们明确团队的角色，不要急攻进利。

一个团队就像是一个机器，每个零件的作用都不一样，每一个员工是哪一个零件，起的是什么作用，每一个员工自己都应该清楚。只有清楚自己在整个团队中处于什么样的位置，才能明白自己在这个位置上都应该做些什么。这就是角色定位和角色认知。在工作落实中，对于角色的最大投入就是对任务的完成。

一家公司需要再培养一位主管。董事会出的题目是寻宝：大家要从各种各样的障碍中穿越过去，到达目的地，把事先藏在里面的宝物——一枚金戒指找出来。谁能找出来，金戒指就属于谁，而且他（她）还能得到提拔。

参选的人们开始行动起来，但是事先设置的路太难走了，满地都是西瓜皮，大家每走几步都要滑倒，根本无法到达目的地。在他们的寻宝队伍中，斯特是这家公司的清洁工，他被落在了最后面。他把垃圾车拉过来，然后把西瓜皮一锹锹地装了上去，拉到了垃圾站去。

几个小时过去了，西瓜皮也快清理完了。大家跳过西瓜皮，冲向了目的地，他们四处寻找，但是一无所获。只有斯特在清理最后一车西瓜皮的时候，发现了藏在下面的金戒指。公司召开全体大会，正式提拔这位清洁工。

董事长问大家："你们知道公司为什么提拔他吗？""因为他找到了金戒指。"好几个人举手答道。董事长摇摇头。"因为他能做好本职工作。"又有几个人举手发言。董事长摆了一下手："这还不是全部，他最可贵的地方在于，他富有团队

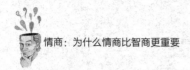

精神，他明白自己是团队中的角色，不去计较更多的利益。在你们争先恐后寻宝的时候，他在默默地为你们清理障碍。"董事长总结道。

在现代社会，那些只顾自己的人，很难得到长足的发展；倒是那些时刻替别人着想的人，经常获得意外的收获。帮助他人有时就是在扫清我们自己前进的障碍。我们需要养成这种为他人提供方便的合作习惯，与人合作的结果往往使我们自己受益颇多。

美国的西点军校，历来注意对学员们团队精神的培养。学员们在有团队精神的集体里，可以实现个人无法独立实现的目标。他们明白自己是团队中的一员，他们看到，在团体中每一个人都会变得更有力量，而不是变得微小或默默无闻。

一滴水要想不干涸的唯一办法就是融入大海，这滴水就是一个一个角色，而大海就是团队；一个员工要想取得大成就的唯一选择就是融入企业，而要想在工作中快速成长，就必须依靠团队、依靠集体力量来提升自己。

作为企业的一分子，一个优秀的员工能自觉地找到自己在团体中的位置，能自觉地服从团体运作的需要；他把团体的成功看作发挥个人才能的目标，他不是一个自以为是、好出风头的孤胆英雄，而是一个充满合作激情，能够克制自我、与同事共创辉煌的人，因为他明白离开了团队，他可能会取得一些小成绩，但终究成不了大业。而有了团队合作，他可以与别人一起创造奇迹。

要成为优秀的团队成员，不仅要充分认识和发挥自己最适合的角色，还应该根据团队的要求调整自己的角色和行为。每一个团队中，每个成员所扮演的角色各有不同，就是说，一个团队总是由不同的角色组成的。而优秀的团队成员总能够在团队内部找到适合自己的角色，并能为团队做出贡献。他知道何时应承担他最适合的角色，发挥他的最大价值，同时，他还能够根据团队的要求调整自己。

员工自己单打独斗可能会取得一些小成绩，而一旦员工加入一个团队中，会发现在团队中能发挥出自己更大的潜力。团队合作，是一场"双赢"的博弈，每一个参与的人都能从中分享到属于自己的那一份快乐。不仅如此，这些与公司曾经同甘苦共患难的员工也能够享受到一份额外的褒奖，分享这份来之不易的胜利果实。

团队中有了创新者，他可以不断地给团队未来的发展、管理以及信息技术方面带来创新，使这个团队能不断地吸纳新的内容往前走；团队中有了监督者，使得团队规则的维护、成员之间的正常交流，以及管理是否得当有了监督。可见，不同的团队角色之间的配合对一个团队来讲是多么重要。

公司作为一个团队，更是由不同的角色组成，研究表明，团队中一般有八种不同的角色，它们是：贯彻者、协调者、塑造者、培养者、资源调查者、监督评价者、协力工作者、完善者。研究表明，每一种角色的作用是不同

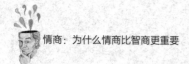

的，只有他们密切配合、互动合作，团队的工作才能走向完美。

所以，每一个优秀的团队都要帮助员工明确其在团队中的角色，也要了解其他成员所扮演的角色，了解如何相互弥补不足，发挥优势。只有这样，团队才可以高效运作，完美协作，鼓舞士气，激励创新，进而提高生产力。

放大"一股绳"的力量

一个企业的成功不是靠一个人或几个人能完成的，必须通过全体员工的努力，必须全体员工拧成一股绳。天才的唯一取代就是团队合作，团队效应既可以发挥每个人的最佳效能，又能产生最佳的群体效应。个体永远存在缺陷，而团队则可以创造完美。放眼一流的工作团队，他们之所以会出类拔萃，无非是他们的成员能抛开自我，彼此高度信赖，一致为整体的目标奉献心力，放大"一股绳"力量的结果。

近年来，有一种叫"拓展训练"的员工培训模式十分风行。这种模式主要是通过体验式训练和模拟场景训练来提升团队合作精神，其中有一个叫"盲阵"的游戏十分常用。在一块空地上，将一队人蒙上眼睛，交给他们一根长绳子，要他们在规定时间内把绳子拉成一个正方形。起初大家往往会乱成一团糟，各有自己的主张，自由走动，你推我撞，你叫我喊，乱成一片。经过一段纷乱与无谓的争吵，大家渐渐明白：必须确立一名优秀者为团队领袖，以智者为助手，统一意志、统一目标、统一行动，大家都能自觉地做到令行禁止，各负其责，才能完成这个简单的游戏。

从这个培训模式的风行我们不难看出，团队的有效协作往往会比个人的非凡才能带来更高的效益，同时，团队的胜利带来的荣誉感属于集体中的每一个人，而个人的成功却是单薄的。所以，无论是对团队还是对个人而言，团队意识的培养都是非常重要的。

例如，我们熟悉的足球比赛，从来不是单打独斗的项目，集体协作，发挥团队的效能，才有可能在风云变幻的赛场上占据优势。全队拧成一根绳子，发挥团队的最大力量，这就是足球比赛获胜的秘诀！美国国务活动家韦伯斯特有一句名言："人们在一起可以做出单独一个人所不能做出的事业；智慧、双手、力量结合在一起几乎是万能的。"一只大雁的飞行力量有限，而一群大雁的力量却是无穷的。这正如一个人的力量是有限的，但是很多人组成的群体却可以移山填海，可以飞越太空，这并不是什么奇迹，而是团结的力量！

团队精神是高效能人士的一项重要习惯，团队精神在一个公司，在一个人的事业发展中都是不容忽视的。对于一个高效能人士来说，在团队中创造的价值，往往比单纯依靠自己创造的价值更有分量。

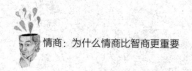

美国微软公司在开发Windows 2000系统时，动员了超过3000名研发工程师和测试人员，写出了5000多万行代码。如果没有高度统一的团队精神，没有全部参与者的默契与分工合作，这项工程是根本不可能完成的。

美国微软公司所营造的团队合作的企业文化使其数以百计的"富翁员工"在赚取百万身价以后，却仍继续留在微软"卖命"工作。在某些人看来，这也许有点不可思议。但美国微软公司的"富翁员工"们却并不这样认为。

美国微软公司的工作条件并不安逸，相反，工作强度常常比同行业的其他公司要大得多。在这里，一周工作60个小时是常事。在主要产品推出的前几周，每周的工作时数还会过百。美国微软公司的津贴并不比同行业的其他公司高很多，甚至显得有点吝啬。据该公司的一位前任副总裁透露，多年以来，时任董事长比尔·盖茨因公出差时，总是自己开车去机场，而且坐的是二等舱。

那么，是什么神奇的吸引力，竟使这帮百万富翁在取得经济独立后仍然如此卖命地工作呢？答案只有一个，那就是，完全超越了自我的团体意识。这种团体意识，已在美国微软公司落地生根。

事实上，我们考察一些世界知名企业，从海尔到华为，从星巴克到微软，那些业绩长青的企业都具有共创卓越的团队意识，甚至可以说，是否拥有这种团队精神乃是企业能否永续光辉的根本。

纪律是团队展现宏图的阶梯

英国著名文学家莎士比亚在其所著的《特洛伊罗斯与克瑞西达》中说："纪律是达到一切雄图的阶梯。"这句话很有道理。在完成工作任务的过程中，任何组织成员要想实现最终的目标，把工作真正落实好，就需要制度来约束。可以说，严明的纪律是团队展现宏图的阶梯。

没有规矩，不成方圆。任何组织都必须制定相应的管理制度，建立正常的工作秩序。要在工作中推行落实的理念，就必须设定严明的纪律，因为，落实是以纪律和秩序为前提的。如果一个团队有令不行，有禁不止，再好的发展战略也不可能得到有效的落实。

对一个员工来说，没有什么东西比敬业、热情、协作等精神更重要。但是要知道，人不是生来就具有这些精神的，没一个员工是天生就具有纪律意识的。所以，对员工进行纪律的培训显然十分重要，就像员工每天被要求保持整洁的着装和仪表一样，最后是要让所有的人都明白：纪律只有一种，这就是完善的纪律。

在制度的刚性管理上，我们可以借鉴军队的管理制

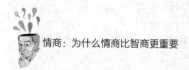

度。军队纪律的严明是有目共睹的。军队在纪律的约束下形成了既定的行为模式，使落实力的形成有了保障。春秋时期就有"孙武斩宠姬以示军威"，那时的孙武已经明白，要想使下属富有战斗力，提升他们乃至整个组织的落实能力，关键的因素就是在各项工作的落实中有严明的纪律和制度作为保障。在军队中令常人看来难以接受的纪律之下，产生的是一个又一个的钢铁战士。

正是在这些制度的约束下，才有了组织内部的密切协调，才有了每一次战斗任务的顺利执行，才有了完美的落实能力和精锐的战斗能力。纪律永远比任何东西都重要，没有了纪律，便没有了一切。

一个优秀的公司，必定有一支有纪律的团队，它富有战斗力、团结协作精神和进取心。在这种团队中必定有纪律观念很强的员工，他们一定是积极主动、忠诚敬业的员工。可以说，纪律永远是忠诚、敬业、创造力和团队精神的基础。

团队是众人的集合体，每个人都必须在一定的轨道上运行。纪律可以说就是员工在轨道上运行愿意遵守的准则，也可以说是员工对工作态度与目标的承诺。任何一个团队都不能忽略纪律的制定和执行，否则，便会遭受损失。因为纪律是团队之本，如果没有了纪律的约束，那么团队就像一盘散沙，毫无生命力可言。

公司要获得发展，就必须先构建有纪律的、团结有力的、无坚不摧的团队。团队要想完成任务，就必须磨砺团队中每个成员无比坚强的信念，就必须要求每个成员用严明的纪律来约束自己。在那些著名企业中，员工纪律主要涉及这样一些基本内容。

1. 品行操守

这主要表现为员工为人处世的基本原则，比如忠诚、诚信、友善等，这些基本品性是一个企业文明员工的基本人格要求。

2. 工作态度

不管从事什么工作，态度决定成败。做工作是否勤奋，是否认真，是否规范，是否负责，是对员工是否爱岗敬业的衡量标准。

3. 工作质量

工作质量是起码准则，一个优秀的员工要善于学习，敢于创新，有所追求，有所奉献，同时爱护环境、注重安全。这都是员工纪律应当考虑的内容。

4. 团队协作

著名企业要求企业员工具有团队精神，能平等待人、真诚沟通、公平竞争、顾全大局。

5. 仪表举止

名牌企业员工首先是一个现代人，是一个文明人。因此，仪容仪表、行为举止、语言谈吐、待人接物等，在员工纪律规范中都应当有所要求。

团队的活力来源于各级员工良好的职业精神面貌、崇高的职业道德。在残酷的商业竞争中，团队需要营造员工

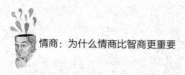

自觉遵守纪律的文化氛围，需要建立严格的制度和规范，这些制度和规范需要我们去配合遵守，这是任何一家企业不可动摇的铁律。

激发活力，让团队动起来

经济学里的一个非常有名的"鲶鱼效应"，即采取一种手段或措施，刺激一些企业活跃起来投入到市场中积极参与竞争，从而激活市场中的同行业企业。其实这是一种负激励，我们可以运用这个效应激发团队的活力，让整个团队动起来。这个效应来源于这样一个故事。

挪威人喜欢吃味美的沙丁鱼，因此鱼的死活便是影响价格的重要因素。每逢挪威人的渔船返回港湾，鱼贩子们都挤上来买鱼，但是当渔民将捕捞的沙丁鱼运回渔港时，发现大多数的沙丁鱼已经死了，死鱼卖不上价，只能低价处理，于是，渔民们便纷纷哀叹起来。

但是，其中有一位名字叫汉斯的精明的挪威船长，每次上岸时他捕来的沙丁鱼仍然是活蹦乱跳的。于是，商人们纷纷涌向汉斯："我出高价，卖给我吧！""卖给我吧！"

其他渔民都觉得非常奇怪，就跑去问汉斯：

"路程那么远，你用什么办法使沙丁鱼活下来呢？"汉斯说："你们去看看我的鱼槽吧！"

原来，汉斯的鱼槽里有一条活泼的鲶鱼到处乱窜。鲶鱼被放进鱼槽后，因其活力而四处游动，偶尔追杀沙丁鱼。沙丁鱼因发现异己分子而自然紧张，四处逃窜，把整槽鱼扰得上下浮动，也使水面不断波动，从而氧气充分。如此这般，就能保证沙丁鱼活蹦乱跳地运进渔港。

鲶鱼如一方投水之石，击破了平静而死寂的水面，激起了圈圈扩展的涟漪，为疲倦的沙丁鱼群注入了蓬勃向上的动力；鲶鱼就如同一针兴奋剂，神奇般地显示了强大的外驱力，调动了沙丁鱼群蛰伏的潜能。

在企业界和社会组织中，"鲶鱼效应"是应用极为普遍的一条管理原理。它也常常被用于团队管理，并逐步演变为一种团队内的竞争机制，在治理团队活力缺失方面有着很好的效果。有管理经验的人常会发现，一个团队如果人员长期稳定，就会缺少新鲜感和活力，产生惰性，出现团队内部人浮于事、缺乏效率等情况。如何改变这种情况呢？我们可以运用"鲶鱼效应"，即引进一些个人素质高、业务能力强、有着较强感召力的人员，让他们在团队中可以拥有一定范围内的权力，依靠个人魅力去带动和激励团队中的其他人员。他们新来乍到，团队上下的"沙丁鱼"们便会立刻产生紧张感，从而带动整个团队的活力。

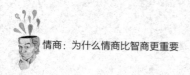

当一个团队的工作达到较稳定的状态时，常常意味着员工工作积极性的降低。"一团和气"的集体不一定是一个高效率的集体，这时候"鲶鱼效应"将起到很好的"医疗"作用。一个团队中，如果始终有一位"鲶鱼式"的人物，无疑会激活员工队伍，提高工作业绩。

运用"鲶鱼效应"可以为团队相对封闭的环境推开一扇窗，为团队吹入一阵变革的清风，让团队中的每个人都重新精神抖擞起来。所以，不妨借助经济危机让很多团队重新进行资源整合的机会，为团队注入新的活力和能量。要知道一个发达国家的政党人才流动率通常保持在15%左右，过高过低都不利于社会经济的发展。同样，如果一个团队没有一定比例的员工流动，那么团队就会进入停滞状态，最后成为一潭死水。

"鲶鱼效应"有刺激作用。"鲶鱼"的活动能力会打破现有的平衡，他们的积极向上、领导对他们的关注和支持，以及他们待遇上的巨大变化，会给周围的人群带来压力，会刺激周围人群的自尊心。在"你能我也能"的强烈意识支配下，引导得当，则会出现"比、学、赶、超"的良好局面。

借口是团队发展的硬伤

"实在是没办法！"这样的话，大家是否感到很熟悉？大家的身边是否就常常有这样的声音？是真的没办法吗？还是我们根本没有好好想办法？

一个团队面对问题时所表现出来的素质，是企业区分一流团队和末流团队的重要标准。聪明的团队，敢于面对问题，超越自我，积极地寻找解决问题的方法，以"主动解决"的韧劲，全力以赴攻克难关，落实目标。

优秀员工或团队从不在工作中寻找任何借口，他们总是把每一项工作尽力做到超出客户的预期，最大限度地满足客户提出的要求，而不是推诿；他们总是出色地完成上级安排的任务，替上级解决问题；他们总是尽全力配合同事的工作，对同事提出的要求，从不找任何借口推托或延迟。

许多借口总是把"不""不是""没有"与"我"紧密联系在一起，其潜台词就是"这事与我无关"——不愿明确自己的工作，将自己该为公司做的事推给别人。很多人遇到困难不知道努力解决，只是想找借口推卸责任，这样的人很难成为团队最受欢迎的员工，也很难加入一个团队。

要想成为优秀的团队就要敢于承担责任，因为一个团队承担的责任越多越大，证明他的价值越大。具有一颗崇高的责任心，一个团队就拥有了生命的脊梁。因为，人们从来不会指望一个无所事事、没有责任感的团队能够成功。只有在真正懂得了责任的意义和内涵，并付诸行动时，才预示着开始走向新的征程。有这样一则经典的故事相信很多人都读过。

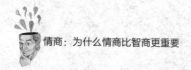

　　一次，一家贮藏水果的冷冻厂起火，等到人们把大火扑灭，才发现有18箱香蕉被火烤得有点发黄，皮上还沾满了小黑点。水果店老板便把香蕉交到鲍洛奇的手中，让他降价出售。那时，鲍洛奇的水果摊设在杜鲁茨城最繁华的街道上。

　　一开始，无论鲍洛奇怎样解释，都没人理会这些"丑陋的家伙"。无奈之下，鲍洛奇认真仔细地检查那些变色香蕉，发现它们不但一点没有变质，而且由于烟熏火烤，吃起来反而别有风味。

　　第二天，鲍洛奇一大早便开始叫卖："最新进口的阿根廷香蕉，南美风味，全城独此一家，大家快来买呀！"当摊前围拢的一大堆人都举棋不定时，鲍洛奇注意到一位年轻的小姐有点心动了。他立刻殷勤地将一只剥了皮的香蕉送到她手上，说："小姐，请你尝尝，我敢保证，你从来没有吃过这样美味的香蕉。"年轻的小姐一尝，香蕉的风味果然独特，价钱也不贵，而且鲍洛奇还一边卖一边不停地说："只有这几箱了。"于是，人们纷纷购买，18箱香蕉很快被销售一空。

　　丑陋的香蕉在他的手里瞬间神奇地成为具有南美风味的"奇物"，鲍洛奇用他的聪明头脑告诉了我们，只有积极寻找方法解决问题的员工才能够在落实中弥补领导决策的不足，减少团队的损失，为团队创造出惊人的效益，成为备受领导赏识的一流员工。遇事动不动就找借口，只能成为一个末流员工，甚至被团队淘汰。

任何一个老板都希望自己拥有优秀的员工和团队，因为他们能不折不扣地完成任务，即使没有完成任务，也能主动承担责任而不是寻找任何借口。"拒绝借口"应该成为所有企业奉行的最重要的行为准则，它强调的是每一位员工想尽办法去完成任何一项任务，而不是为没有完成任务去寻找任何借口，哪怕看似合理的借口。其目的是为了让员工学会适应压力，培养他们不达目的不罢休的毅力。它让每一个员工懂得：工作中是没有任何借口的，失败是没有任何借口的，人生也没有任何借口。

借口给人带来的严重危害是让人消极颓废。如果养成了寻找借口的习惯，那么在遇到困难和挫折时，就不是积极地去想办法克服，而是寻找各种各样的借口。这种消极心态剥夺了个人成功的机会，最终让团队一事无成。